大是

任職日本日用品之王花王 26 年 ， 把綿羊變狼群

高績效主管，都擅長「假設」

管理進度、激發鬥志、設定合理目標、創意發想……主管懂得提出假設，部屬就能接手主動完成。

幫助五千位主管衝高績效的專業顧問
阿比留 真二 著
高佩琳 譯

最高のリーダーは、この「仮説」でチームを動かす

CONTENTS

第三章

錯誤假設的必備補丁：「你們怎麼看？」

第四章

最強主管都用「這句話」打動人 139

第五章

從犯錯到修正，假設才能成真

173

推薦序一

馴服貓世代年輕人，厲害主管都用問的

秒殺級領導課講師／李河泉

主管為什麼要用「假設」？

看到書名你會被吸引，為什麼高績效主管都擅長用「假設」？先破題一下，這邊所謂的假設，指的是主管遭遇問題，能夠在最快的速度中，假設出最可能的原因，並且正確解決。

所有企業主管都必須有這樣的觀念，那就是「先做對的事，再把事做對」。所謂對的事，就是根據公司問題分出輕重緩急，最重要也最急的那些事情。而所謂把事做對，就是挑出對的事之後，找出最正確而且快速的方法來解決問題。

主管們每天在公司遭遇許多問題，該從哪一個下手解決，是非常多人的困擾，有經驗的主管，就會從這些問題當中，找出需要優先解決的「課題」。

問題和課題不一樣。書中釐清了很多人容易混淆的觀念，問題，是我們碰到的狀況；課題，是為了解決這些狀況，應該去做的事情。也就是說，主管的職責就是面對問題，訂出課題。

訂出了課題之後，這個課題是不是我們目前最應該選擇的？就需要假設和驗證。所謂的驗證，指的是「這個假設是否正確？」以及「訂出的解決方案是不是最恰當的方案？」

溫和的說出假設，部屬才聽得進去

作者擁有豐富的主管經驗，他在書中也提到許多管理心法，其中一點就是「假設要溫和的說」。我曾經用貓世代（有想法、重視自我）來形容年輕人，相對於犬世代（忠誠聽話配合），目前的年輕世代對於主管的用詞和表達方式相當在乎。

因為近年來的年輕人，在家庭多半被尊重，地位也被父母捧高，進入了職場，也習慣用「平起平坐」的態度來面對主管（嗯，平起平坐還算含蓄的用詞）。所以與過去主管挑問題或錯誤時候的嚴厲相比，用溫和的說辭來進行溝通或假設，的確比較容易達到效果。

因此，作者談到團隊在討論假設時，為了讓大家能開誠布公，並且不被拘束，領導人或會議主席可以詢問：「關於這項假設，你們怎麼看？」讓部屬敢開口參與討論。

很多會議主席習慣討論事情的時候，會先說：「對於這件事情，我的看法是……你們覺得呢？」

想當然耳，大多數人很自然的就順著會議主席的想法說下去，敢持相反態度或意見的人少之又少，這樣的假設就完全沒意義，會議讓眾人討論的優勢也蕩然無存。

當部屬遭遇到問題時，為了引導他們思考，主管可以溫和的提問：「接下來會怎麼樣？」並請同仁大量列出可能發生的狀況，主管不要說太多，要拿出耐心、給予時間，讓同仁練習自己發想。

盡量列出可能發生的狀況之後，再和同仁討論哪種可能性最高，然後深入分析可能造成的影響和結果。帶領部屬成長需要花時間，上課時我常說：讓同仁一天比一天好，是主管的天職。許多主管不知道該怎麼引導同仁，書中的內容也提供了很棒的解答。

在你看完推薦序後，「假設」認為這本書值得看，那麼不妨趕快「驗證」，把這本書帶回去看看吧。

推薦序二

想像力，讓面試官當場錄用我

海外職涯規畫師／Sandy Su

看到《高績效主管，都擅長「假設」》時，我覺得非常適合推薦給現代的社會工作者。

從事人資工作十多年以來，最常看到的遺憾，就是被用人主管反映，應徵的人學歷不錯，但是反應跟思維不夠機靈。也常遇到不錯的面試者，在突破重重關卡後，因為無法給出具說服力的答案，導致最後一關面試被刷下來。

在面試時，面試官想要了解的是：你懂不懂 HOW（如何去做）。但是，許多面試者一遇到過去不曾嘗試過的任務，就立刻瞠目結舌，喪失氣勢及信心。

其實，很多時候，面試官想要聽的是你的想像力。畢竟加入新的公司後，必須面對當下的挑戰，若無法在高壓的面試氛圍下，說出讓人信服的故事，面試官肯定很難相信，你加入團隊後會有令人期待的發展。因此，在面試時，一定要闡述出有「結果」的故事。

你只要透過書中提到的魚骨圖來設立目標，就能有效率的整理出達成目標所需的各種要素。利用這個方法，你能夠穩固自己的假設。當一個面試者可以在面試的溝通過程中，有條理的敘述出具策略性的方案時，勢必能讓長官們刮目相看。

不僅如此，企業在培訓人才、規畫接班人時，也傾向把核心職務交給能善用假設的人才。

這也呼應了此書的作者阿比留真二在花王工作二十六年，於許多部門擔任過領導職位並成功運用假設，創造出高效率的工作團隊。

我很重視這本書的原因之一，是因為自己在日本工作多年，知道日本企業對內部的教育訓練非常嚴謹。作者在書中詳細的敘述，在日本大企業內專用的各種提問跟假設的方法。我認為，如果工作者可以習慣這些假設的思考邏輯，便可以一步一步磨練及深耕自己的思考能力。

如果你想突破自己目前在公司組織圖中的所在位置，那麼你可以運用書中的領導魔法句，例如：「關於這項假設，你們怎麼看？」透過問別人，來突破卡關的階段。

最後，除了工作之外，這本書中的假設方法，也可以助長你的人脈弱連結。

運用書中的萬用提問法，讓自己的提問力更精準並有深度。這樣一來，在不同的社交場合，大家會更加記住你這個人。

推薦序三

當主管一定心累身也累？會假設，成效立見！

DISC人格特質專家／蔡緯昱

主管，一個在新世代潮流下，吃力不討好的角色。根據波士頓顧問公司（Boston Consulting Group）在美、法、英、德及中國五千名員工調查中，竟然僅九％的人未來想晉升管理職，在臺灣這種狀況也差不多。

我問過許多九〇後的員工，真的很少人想當主管，甚至被上司提拔時，還會婉拒這樣的機會。或許現代的主管，真的不像以前一樣好命，反而是「錢少事多離家遠，權低位低責任重」，這對於快速主義的新世代來說，好像不是一樁高ＣＰ值的交易。

我卻覺得主管是一輩子一定要嘗試的角色，因為主管是一個能夠幫助自己成長，並累積人生財富的「快車道」。但為什麼有那麼多人不願意做？我想主要是因為家庭、學校或公司，從未教我們如何做一個高績效主管，又或者我們總是被灌輸「主管一定要辛苦才有成效」的觀念。而擁有二十六年花王管理經驗的阿比留真二，給了我們最好的解答。

書中一些實務案例都讓我回想起剛創業時，沒有透過假設去確定市場的方向，以致在接到百萬的案件後，就誤以為那是一個具潛力的市場，但隨後卻落入近半年沒案子接的窘境，所以此書不只適合主管，亦適合創業者細細研讀。

其中一個很成功的案例，就是花王假設四．一公斤的洗衣粉有太重及體積過大的問題，再延伸到若要改善，就要把體積變小，總結出「開發洗淨力強的洗衣粉」的目標，一匙靈（Attack）就此誕生，立刻拉開了與競爭對手的距離。我家也是一樣，從小時候就一直使用一匙靈到現在。

我想連賈伯斯（Steve Jobs）也無意間使用了這種假設法，讓一部擁有十幾個按鍵的手機，成了只有一個首頁鍵，又是史上最暢銷手機的iPhone。於二〇二〇年成為全球首富的伊隆．馬斯克（Elon Musk）也靠著假設碳排放及能源會是未來的世界問題，特斯拉（Tesla）才得以成為全球銷量最高的電動汽車。

更重要的是，這本書非純商管理論延伸出來的策略，而是完全系統化的實務技能。例如在資訊爆炸的時代，許多主管都有資訊焦慮症，作者便提供資訊判斷標準，讓讀者能預測趨勢，不讓團隊做白工。

此外，讓臺灣主管最操心的帶人術，作者依然可以從假設的立場延伸出如何問話，才能讓散漫的部屬成為頂尖人才，或是透過三個圓圈（見第一六七頁），培養出超越假設的部屬。試閱時便深刻感受到此書含金量的密度之高，不僅可以運用在管理自己的公司，亦可以應用在輔導與授課上，以幫助更多操碎心的主管們，相信此書讓更多主管或懼怕當主管的人可以假設正確，成效立見！

前言

明星產品最多的花王，最常用「假設」

我在花王股份有限公司工作了二十六年，累積了不少經驗。在那之後，我獨立創業，以課題解決顧問的身分，至今為政府機構，以及科技、汽車、食品等各產業培訓超過五千人，這些經歷讓我更加確信這項事實：

能做出成果的領導人，都擅長利用「假設」來主導團隊。

當領導人根據自己的假設來管理時，工作就會變得格外簡單與流暢，因為這個方法能幫助你，明確的分辨出一個團隊應該及不應該做的事，並藉此免除不合理及浪費時間的工作。

至於沒有建立假設的領導人，則會因為走一步算一步、毫無計畫的行動，而得不到任何成果。這種敷衍了事的做法，只會為團隊成員帶來額外的負擔。換言之，是否建立假設，是在日益複雜的現代社會中獲得成果的勝負關鍵。

用「假設」達成團隊共識

花王澈底實踐了「假設建立法」。事實上，大受消費者歡迎的一匙靈洗衣粉，就是從假設中誕生的產品。

當時的開發團隊主導人提出一項假設：「目前家用洗衣粉的包裝可能都太大了。」

他以這項假設，讓團隊達成共識並全力投入研發商品，結果只需一勺便能洗好所有衣物的一匙靈就誕生了。減少每次洗衣粉的使用量後，商品本身的包裝便得以壓縮，更因為容易攜帶、放在家中也不占空間，成為大受歡迎的商品。

拜商品熱銷所賜，花王大幅拉開了與競爭對手的差距。當然還有其他因素，如成本和安全性等，但正是因為只將重點聚焦於「體積大小」，才得以研發出前所未有的商品。

我看著開發團隊的表現，學到唯有使用假設，讓團隊的目標一致，才能專注於直接影響成果的真正要事上。

花王都在用的「課題解決法」

課題解決法是我在花王員工教育部門時，和團隊一起開發出來的方法。這個方法能幫助自己和團隊發現課題，進一步引導出解決方法（詳細見第六十七頁）。

人們很常說要解決問題，但**課題與問題兩者之間有很明顯的差異**。

舉例來說，你公司的問題是人力不足。這對主管和團隊來說是個問題，但也是整間公司和其他部門的問題。

而課題則是指為了解決這個問題，主管和團隊應該去做的事。亦即，把眼前的問題當成自己的課題來處理。而領導人要做的就是，釐清自己和團隊的課題，並為了解決課題而提出假設。

不過，不需要想得太難。只要利用本書介紹的課題解決法，任誰都能用三個步驟建立假設。

帶動團隊的必知事項

有一點請務必記住，建立假設絕對不是最終目的。

如何向部屬傳達假設也很重要，執行時也必須驗證事情是否按照假設進行。基本上，每天都要不停的微幅調整，一點一滴的逐漸改善。

本書除了介紹假設的方法，也收羅了帶動團隊的完整流程，包括如何傳達給部屬、驗證方式等。例如：

- 不是什麼都要，而是集中火力。
- 嚴禁盲目蒐集資訊。
- 追問：「接下來會發生什麼事？」
- 在會議驗證假設。
- 描繪對一個月、一年、十年後的想像。

上述這些都是利用假設來管理時，必須牢記的事項。

我在培訓或演講等場合與主管們交流時，都感受得到他們深陷於難解的煩惱中。

在這個變化劇烈的時代，可能幾年、甚至幾個月後，就會出現完全不同的狀況，主管們肯定都很不知所措。但要是主管的猶疑和迷惘影響到部屬，就會害部屬放棄思考未來，只顧著埋頭處理眼前的工作。

我相信大部分的主管都有意識到，走一步算一步的工作方式是撐不久的。如果你是這種主管，請務必善用本書介紹的方法及思考方式，建立起一個能夠預想未來的團隊。

第一章

彼得·杜拉克說，假設是決策的出發點

1 假設，就是對於成功的想像

交得出成果的主管和交不出成果的主管之間，有很大的差別，因為後者沒有提出假設的能力。

優秀的主管都會提出自己的假設，並以此為基礎來管理。換句話說，對主管而言，**提出假設，是一項極為重要的能力**。

現代管理學之父彼得・杜拉克（Peter F. Drucker）指出：「假設是決策的出發點。首先要獎勵提出意見的人，接著在現實中求證。」

職場上並沒有適用於所有情況的策略或戰術。所以，你必須根據不同情況，明確表達：「這麼做會變成那樣」、「這種時候要那樣做」。

做得到這一點的主管，不僅能讓部屬感到安心，還能打造出勇往直前的團隊。

假設＝對成功的想像

簡單來說，**假設**等於**自己心中對於成功的想像**。

而一個成功的假設，需要結合各種因素才能實現。比方說：圓滑的引領團隊、讓每個人充分展現能力、思考邁向目標的路徑等。

我當然不鼓勵你將自以為是的想法強加於他人身上，而是想辦法掌握每位團隊成員的能力和他們對成功的想像，並將之反映在假設當中。

最重要的是，你的假設不能只有你自己同意，而是所有團隊成員都得達成共識。一位領導人是否優秀，端看他能否提出假設，並以圓滑的手腕幫助團隊，藉此得到最大的成果。

2 成功不用想破頭，只要提出一個「如果」

說到建立假設，有些人會以為要蒐集很多資訊、做得很複雜才行。其實不完全是這樣。只要你和團隊成員好好溝通、一起建立假設，便能輕鬆打造出簡單又有成效的假設。

藉由詢問團隊：「實際狀況如何？」、「課題落在哪裡？」等問題，來釐清不合理及徒勞之處，就能讓必須做的事情浮上檯面。

一匙靈誕生的祕密

前言中我略微提到，在花王任職時期，有一件令我至今仍印象深刻的熱門商品——一匙靈洗衣粉。

這件商品上市時，我在山梨縣（按：日本本州中部地區縣市）的營銷所擔任經理。我記得自己當時雖然不在銷售部門，但經常到超市幫忙陳列商品。

一匙靈這項商品，是劃時代的洗衣粉。在那個年代，洗衣粉大多販賣一盒四．一公斤，包裝自然不小，但一匙靈卻成功將體積壓縮到一盒一．五公斤。

宣傳當然也是成功因素之一，但我認為光是縮小商品體積，一小匙就能洗完所有衣物這點，便足以讓消費者趨之若鶩。當時，濃縮洗衣粉是前所未見的商品，因此帶給大家很大的衝擊。

從前的家用洗衣粉有四．一公斤，體積非常大，放在家中往往很占空間。然而，僅僅一．五公斤的一匙靈，只需一點位置就能收納，既不占空間也不礙事。

此外，對女性來說，要從超市把一大盒洗衣粉帶回家是件苦差事，輕巧的一匙靈則有便於攜帶。

好收納、購買輕鬆這兩個優點，讓商品變得搶手熱銷。而且，對公司來說，包裝尺寸變小也能減少物流和倉儲上的成本，簡直是創造出了消費者和公司雙贏局面的商品。

不是什麼都要，而是集中火力

熱銷商品一匙靈之所以會誕生，正是因為當時的開發團隊領導人提出了**很明確的假設**。

那項假設就是：「目前市面上的家用洗衣粉，或許有體積太大的問題。」他的團隊則根據這項假設，齊心協力投入商品開發。

想縮小商品尺寸，勢必得減少洗衣粉的使用量。

因此，那位領導人指示部屬：「開發體積小但洗淨力強的洗衣粉。」結果部屬們便成功研發出包裝尺寸少了一半以上的洗衣粉。

如果當時提出的假設是「目前的家用洗衣粉售價過高」，那就只會開發出「包裝大小不變，但售價比過去更低」的商品。若是這樣做，就不會出現像一匙靈這種暢銷商品了。

這項成功，大幅的拉開花王和競爭對手的差距。

消費者選擇商品的條件很多，例如價格、大小或知名度等。不過，這不代表要滿足所有條件，只要針對一點來提出假設，便足以邁向成功。

3 工作就像踩地雷，怎樣玩不會輸？

前面稍微提過，建立假設不僅能帶動團隊，還能夠排除不合理和浪費時間的工作流程。光是這一點就足以加快工作速度、提升生產效率。

不用做無關緊要的事時，你就能專注於應盡的本分上，提高工作的品質。此外，因為工作方向很明確，你就不會被多餘的資訊左右。排除掉沒用的資訊後，便可以必要的資訊來規畫工作。

所謂假設，代表你預見了自己的目標。

比方說，「這麼做的話，一定會變成那樣，所以要先從這裡做起。」因為你很清楚「下一步要做什麼」，所以不會有所遲疑。

只要你有想實現的目標，心中就會湧出該怎麼做才能實現的疑問，接下來自然就能掌握工作的全貌。瞄準未來並採取行動，就是領導人要有的能力。

話雖如此，也可能會有人認為，這又不像學校考試一樣有正確答案，做生意的世界可沒有這麼單純。

的確，你無法知道事情是否會如自己所願。

但如果你沒有先建立假設，而是用走一步算一步、想到哪做到哪的方式指揮部屬，最後只會白白浪費雙方的時間和勞力。正因為沒有正確答案，你才必須把假設當作工作時的依據。

用假設找出錯在哪？

提出假設還有另一個好處。假如你在實行時，發現狀況不如預期，明明目標就在眼前，卻在途中遇到瓶頸的話，你可以**改變假設中的某個論點**，藉此輕易調整執行方向，遇到突發狀況時也很方便。

只要像這樣反覆微幅調整工作方向，就能**避免重大的失敗**。

至於沒有提出假設的主管，可能就無法及時察覺自己的失誤，等到搞清楚時早就大勢已去。

若先建立假設，你就能迅速留意到問題並進行調整，降低工作的風險。讓你清楚掌握事情在哪裡出錯，就是假設的優點。

假設錯了就再假設，滾動式修正

不過，很多領導人在事情不如預期時，就會因為挫折而放棄目標，並一再重蹈覆轍。以這種做法，無論花再多時間和力氣也抵達不了終點。

關鍵是，在事情不如預期的當下，就趕緊修正假設、持續提高精準度。如此才能減少精神的消耗和沒意義的行動，讓工作更加流暢。

先建立假設，若不如預期，再另立假設；倘若還是不如預期，那就重新提出假設……創造良性循環。唯有不斷修正方向，才能看見終點。領導人必須願意付出這樣的努力。

4 假設可以一改再改，但目標不變

上一段提到不斷修改假設的重要性。

那麼，目標是否也要跟著改變？

如果已經決定好目標了，執行時卻發生出乎意料的狀況，這時，到底該堅守原定目標，僅轉換進行方式，還是該改變原定目標呢？

基本上，我認為即使假設需要修改，也不該改變目標，因為改變目標往往代表著降低目標難易度。說難聽一點，這麼做只是為了減輕工作負擔罷了。

更遺憾的是，這麼做不僅無法成長，也無法創造出巨大的成果。

而且，工作的樂趣就在於接受挑戰，若不去挑戰，你就會喪失持續前進的能量。

圖表1-1 假設與目標的關係

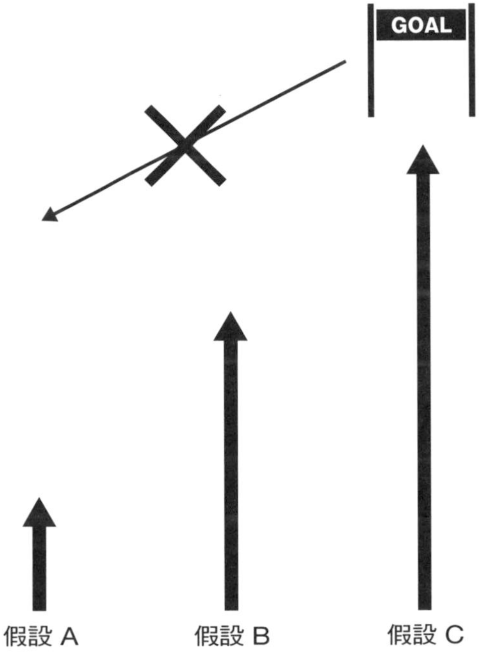

可以修正假設，但不更改目標。

主管要有重新假設的勇氣

所以，**如果事情沒有按照計畫進行，那就重新調整假設**。為了更加接近目標，你要不斷反覆驗證。如此一來，即使最後沒能達成目標，這份到最後都不放棄挑戰的經驗，必定能**提升你日後建立假設的能力**。

不想降低目標，就要接受挑戰。這點不論是對於身為主管的你，還是團隊成員來說都很重要。

想抵達目的地，團隊關係融洽、隊員鬥志高昂、擬定銷售策略、進度規畫恰當……都是必要條件，而這一切都能利用假設實現。

實務上，肯定會出現不確定的因素，故假設的必要性就在於，它能幫助你在任何狀況下找出最佳解答。

5 所有的調查，都是用來驗證假設

想建立出能帶動團隊的假設，關鍵在於用什麼方法、蒐集什麼資訊。若不經揀選，就任意蒐集資訊的話，只會讓工作變複雜。加上現代的變化速度極快，能輕易得到大量新資訊，要是受此影響而不斷改變行事方針，將無法贏得部屬的信賴。

你必須精準的吸收必要資訊。**管理階層一定要擁有辨別內容真偽和重要程度的能力**，才能充分運用資訊。

如果你做不到這一點，團隊就不會往好的方向發展，最後被龐大的訊息耍得團團轉，不清楚該從何處著手才好。

為了避免這種狀況發生，你只能利用最低限度的資訊，並在自己的腦中思考消化，而要訣就在於**只採用能提升假設精準度的資訊**。

嚴禁盲目蒐集資訊

有些力圖做出成果的主管，會先從蒐集資訊著手，因為他們想要減少風險。

不過，沒頭沒腦的蒐集資訊不是什麼好主意。你必須先縱觀全局，思考走哪一條路才能獲得成果。

換言之，能**以俯瞰的角度去掌握工作內容**非常重要。唯有俯瞰全局，釐清目前所在的位置，才能明白哪些是必須掌握的資訊。

日本知名連鎖速食店「鮮堡」（Freshness Burger）的創辦人栗原幹雄曾說過：「**調查終究是用來驗證假設**。換句話說，就是以腦中已經想好的商品為前提來進行驗證。」

漫無目的的蒐集成功案例、分析業界的銷售變化……這種作為其實沒什麼意義。到頭來，除非釐清自己在大局中的處境和欠缺的資訊，否則無法採取有效的手段。

蒐集資訊前，一定要先決定目標，就像是在尋找填補拼圖的缺片，你必須有意識的尋找欠缺的資訊。

你心中要有完成這一盒拼圖的意象。

重要的是去了解到底欠缺哪一塊拼圖。如果你只需要找到其中一片，那蒐集一堆不相干的拼圖便毫無意義。

先假設，後蒐集資訊

正確的順序是**先假設，後蒐集資訊**。

一邊縱觀全局、一邊蒐集資訊，才能讓你精準的找出足以獲得最終成果的必要資訊。

為了建立假設，你要有**捨棄資訊**的覺悟。主管若想專注於該做的事，就必須做出取捨。然而，人往往會因為覺得可惜，而無法丟棄所有找到的資訊。

圖表1-2 假設與蒐集資訊的關係

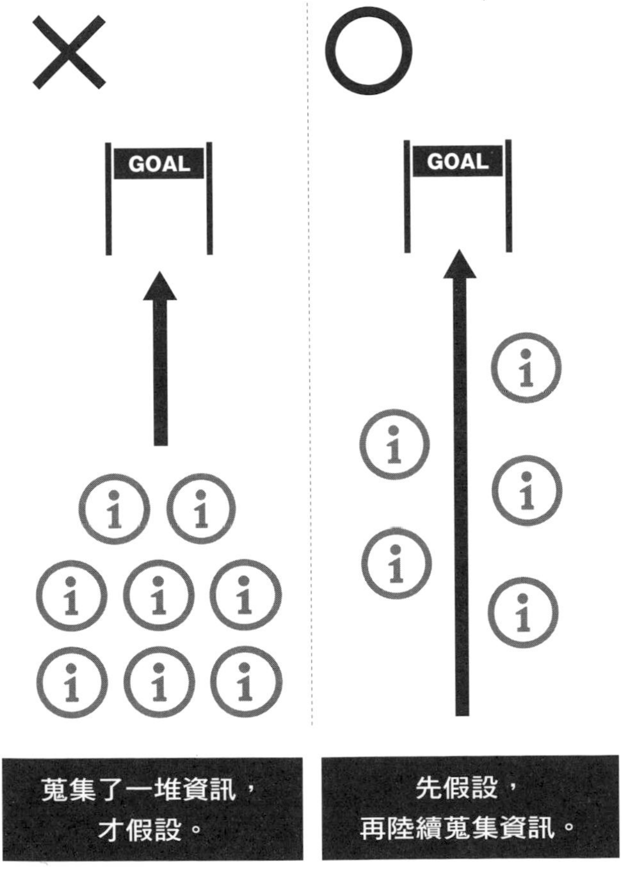

那麼，要怎麼做才能去蕪存菁呢？

你可以針對目前進行的工作建構出屬於自己的一套劇本和邏輯，並隨時關注「完成這部劇本的必要元素是什麼？」這樣一來，你就能判斷出應該去除哪些資訊。

6 防範假資料，用這三個基準判斷

我們常誤以為資訊應該多多益善。確實，資訊在現今社會上是要多少有多少。除了可以從別人身上得到之外，還有報紙、書籍和新聞網站等管道，蒐集手段非常多樣化。

不過，以這些管道找到的訊息真的全是必要的嗎？這難道不是混亂產生的原因嗎？

其實**真正值得信賴的資訊，沒有想像中的多**。若要選出符合你的劇本的訊息，就有必要訂立選擇標準。

我會根據以下三項標準來篩選資訊：

一、消息來源是否可靠。

二、是否有提出客觀性的證據。

三、數據是否無造假，且沒有遭他人刻意操作。

只要將這幾點當作最低限度的標準，就不會被訊息誤導了。

當然也有例外，不過凡是不符合上述三項條件的訊息，你都可以當作沒必要的資訊。

不被出處不明的謊話和謠言糊弄，才能俐落的剔除沒必要的訊息。

報紙、雜誌，僅供參考

前面條列的三項條件中，第一項是判斷消息來源是否可靠，要做到這點，平常就要多留意哪一家媒體值得信任。

社交平臺上張貼的訊息，通常消息來源都不夠明確，所以最好避免用於商務場合上。報紙則因為有負責校閱的記者檢查內容，所以可以暫且列入值得信賴的類別。不過，每間報社都會在報導中加入各自的意識形態，這點要多加留意。

至於雜誌則是話題性大於正確性，引起社會騷動的演藝圈獨家報導就是最好的例子。雖說商業類雜誌的可信度較高，但還是要檢查報導是否有十足的證據支持。

書籍和報紙一樣都有校稿人員負責檢查內容、確認資訊的正確性。只是，作者本身的想法會強烈反映在著作中，所以要小心別被牽著鼻子走。

電視和網路新聞的優點是能即時傳播突發事件。然而，過一段時間後可能又會出現新證據，所以最多只能當作接收最新訊息的工具。

判斷謠言和事實的技巧

從媒體蒐集資訊的確很有用，但你也可以直接從別人身上打聽消息。

不過，有些人會把從別人身上聽來的資訊當成自己的事情來闡述，甚至傳達錯誤的消息給你。因此，你要訂下一套標準來判斷誰的話可信、誰的要存疑。

不論是取自媒體或他人，消息來源是否值得信任都是最重要的。即便是部屬提供的消息，你也應該詢問：「老實告訴我，這是你的個人意見，還是客觀性的資訊？」不把這點弄清楚，你就無法對事物做出正確的判斷。

小心別被帶風向

另外，也要小心數據或調查結果的資訊，因為也有人會刻意操縱資訊以假亂真。

比方說，製作直條圖時，只要在柱子上加入斷裂圖，就能拉大圖表內柱子的長度。如此一來，那怕是僅有微幅增長的小數點，也能帶給讀者大幅提升的錯覺，這是一種企圖讓銷售數字看似扶搖直上的技巧。

總之，當你想強調某個部分時，只要在表現方式上下點功夫就能辦到。反之，有想隱瞞的部分時也能如法炮製。

你必須先確認這些數據和調查的概要，並檢驗其呈現方式是否有經過刻意操作。要是未經確認，你就會蒐集到誤導性資訊。

7 領先半步會成功，超前一步卻失敗

人人都說，當今社會的變化激烈到無法預見未來。但是，在帶領團隊前進時，領導人預測未來的能力非常重要，換句話說，就是必須**有遠見**，而你能藉由建立假設來習得這項能力。

對主管來說，還有一種預感是不可或缺的，就是對失敗的預感。你必須事先預測什麼地方可能會出錯，才不會讓團隊陷入致命的狀況之中。

拿不出成果的主管，會讓團隊因失敗而崩潰；優秀的主管，則有能力將失敗帶來的傷害降到最小並持續前進。

你沒辦法完全避開工作上的困難和風險，所以一定要一邊調整、一邊改善才能得到成果。

只要預先建立假設，就能事先盤算好「如果發生這種狀況，就這麼做」的應對策略。

領導人一定要利用假設，來避免「這麼做絕對會失敗」的局面發生。

不懂預測，害部屬做白工

很遺憾的是，沒有先見之明的領導人，是無法順利帶動團隊的。缺乏遠見的人，在工作上只會毫無計畫的走一步算一步。像這樣只顧著眼前的工作的話，肯定交不出好成果，頂多只能維持現狀。

在這瞬息萬變的時代下，**維持現狀終將導致退步**。

比起遇上什麼事情後才開始行動，不如預先以自己的方式思考未來可能會發生的事，並在預測後採取行動，這將會大幅改變結果。

對一位領導人來說，不提前思考可是很大的致命傷。

目光長遠的領導人能引領團隊不斷成長。在部屬賣力處理眼前的工作時，**先行思考下一步，就是主管的重要任務**。

以「領先半步」為目標

儘管擁有先見之明是必要條件，但貿然跨出一步也很危險，所以我建議你可以先把領先半步列為目標。**領先半步的假設會成功，超前一步的假設卻會失敗**，是因為大部分的部屬都不相信後者會成功。

領先一步指的是建立從〇到一的假設；領先半步則是將一拆分為兩份或十份。

確實，能夠從〇走到一的位置非常重要，但這除了需要才能和運氣外，還要投入大量精力。更別說你辛辛苦苦建立好的假設，可能只會讓部屬覺得異想天開，完全無法理解。

與其在想法上做出大幅的改變，不如先想想該如何調整，才能鬆動卡住的部分，藉此建立假設。

只需要些許改變，便能讓至今卡住的齒輪重新開始轉動。

先從小目標著手

舉例來說，在建立商品開發相關的假設時，與其想著打造一個嶄新的熱銷商品，不如先從改良既有商品開始。

能夠創造熱銷商品固然很棒，但先慢慢累積銷量才是上策。

很多成功法書籍都會勸讀者要「勇於挑戰目標」，但實際上成果一鳴驚人的案例極為稀有。這種好運，一輩子頂多也只會遇上一兩次。

最重要的是，目標如果設定得太高，主管或許覺得很棒，但部屬可能會跟不上。請記住，**要由部屬自行思考並採取行動，才得以產生成果**。

說到藉由假設來帶動團隊並收獲巨大成果的知名領導人，我第一個想到的絕對是日本 7&I 控股公司（按：7&I 控股旗下擁有 7-ELEVEN、SOGO、西武百貨、伊藤洋華堂等公司）的前執行長鈴木敏文。

雖然鈴木敏文最後因為被鬥下臺而退出管理層，但我看著他一路走來的模樣，很確實的感受到：他果真是最頂尖的領導人。

鈴木敏文總是不停思考著自己的假設。

他時時確認、掌握「哪一間店、哪件商品能賣出多少銷量」，以此提出假設並持續實踐。

他也**以同樣的標準要求部屬**。例如，他會直接打電話給業績負責人，詢問：「今天某商品賣了○個對吧，**你覺得這是為什麼？**」

負責人突然接到高層的來電必定會非常驚訝，但我認為這個做法對於培養假設力來說是很好的訓練。

他會請負責人解釋「我認為是因為○○才賣掉的」和「我的熱銷祕訣」，然後把打聽出來的訊息納入執行策略的下一步之中。

再者，他會**全力在公司內部推廣這些成功案例**。亦即，在將成功模式納入自己的假設時，他還會將這份知識傳遞給更多人，藉此增加該模式的實踐者。

這位負責人能賣出十個，另一位卻只能賣出一個。將前者當作成功模式，後者當作失敗模式，接著再檢驗這項結論，並以此建立假設。

優秀的領導人會利用假設帶動部屬，打造出能交出最佳成果的團隊和組織。

花王都說：「給我假設，其餘免談。」

花王有個扎根很深的認知，就是主管必須有自己的假設。

我在花王任職時，總公司都會舉辦地區檢討會議，各部門的經理就會在會議上報告自己的團隊實績及今後將執行的計畫。由於所有高階主管齊聚一堂，這種發表會往往瀰漫著強烈的緊張氣氛。不過好處是，只要發表的內容受到總公司認可，就能立即實踐。

發表完畢後，高階主管們會提出各種意見。面對這些指教時，有些人能應對自如，有些人則張口結舌。

箇中差異，就在於他們是否持有假設。

例如，某位銷售經理曾提議：「在A地區建立新的據點，進行密集的銷售活動。」不過，某位高階主管指出：「A地區的超市和藥局都不多，就算成立新據點應該也帶不出什麼成果。」

但這位經理旋即回應：「A地區目前正在進行都市開發計畫，我們預期兩、三年後人口會迅速增加，接著一定會有零售業者開新店。如果趁現在先奠定銷售據點，就能搶先其他業者占據理想地點。」

這項假設獲得認可後，這位經理就順利成為新據點的負責人，從此業績成長不斷。反之，不論執行計畫看似能產生多少效果，**若不附帶假設，幾乎都難以得到好評**。

這種「假設為先」的態度在業界廣為人知，大家都認為這是一種花王的堅持。

我認為花王之所以能成長到這種程度，要歸功於像地區檢討會議這種讓員工根據假設提出執行計畫，並和整個公司分享經驗的舞臺，主管和員工都能朝同一個方向邁進。

只要根據假設提出課題，並進而解決，便能產生極大的成果。

8 主管大忌：要求部屬像自己一樣

我一直認為，擅長透過自己的願景來激發團隊成員主動出擊的人，才是真正的領導人。然而，在日本往往不看重這種能力，大多偏好提拔有拿出成果的頂尖人才。

不過，這種頂尖人才成為主管後，大部分都不擅長帶動部屬，因為他們常誤以為所有人都和自己有同樣的能力。

舉例來說，我在培訓時曾遇過一位主管，他就是因為願景有問題，才會導致管理上力不從心。

他是銷售部門的課長，為了部屬不肯按照指示行動一事而煩惱。我深入詢問之後，他表示：「我明明有交代要怎麼做，部屬無動於衷就算了，還向我抱怨這份工作不適合自己。」

別要求他人「像我這樣做」

他的問題點在於「要求部屬跟自己一樣優秀」，亦即，自認為「照我說的去做準沒錯」。

畢竟他本來就是很優秀的頂尖人才，因為銷售成績傑出而備受好評，進而被晉升為課長。以下是他心中的願景。

對銷售業務來說，與客戶約見的次數越多越好。若出外跑業務，一天就該跑五個地方，想辦法建立關係。隨著約見次數增加，能力隨之增強，成交率自然就會上升，最終便能達成自己的目標，成為備受上司和公司看重的人才。

這樣的構想乍看之下既簡單又合理，但執行起來極為困難。

首先，要一個銷售菜鳥在一天內拜訪五位客戶非常困難。就算約成了，光是準備資料和確認簡報內容等工作又要花上不少時間，所以就算一天有五個約，也完全應付不過來。

這位課長根據自己的工作能力來描繪願景，卻**沒有考慮到其他團隊成員的能力跟他不同**。

他平日會很熱切的不斷告訴部屬：「你們要像我這樣做才行。」但這種話聽在部屬心裡只會感到厭煩，使他們紛紛關上心門，不肯好好辦事。

於是，他們因為無法滿足上司的期待而失去自信，進而認為自己能力不足。

提高部屬的接受度

我建議他為每位部屬量身打造**符合個人能力與性格的目標**。至今，他只有用同一個標準管理過部屬，所以這對他來說非常辛苦，但為了讓團隊走上軌道，他全力以赴的去解決問題。

他和所有人進行面談，將團隊目標和部屬的個人願景結合，打造出接受度高的藍圖。

結果，他的部屬終於能放鬆自在的投入工作中了。如今上司不用提出詳細指示，他們也會自動自發的採取行動、交出成果。

只要能像這位課長一樣，為每位部屬提出個別的願景，團隊就會有所改變。如果你是會將自己的做法強加於人的主管，請有意識的改變管理方法，並依每位部屬的狀況做出相應的調整。

9 方向明確，部屬自己就會做到好

身為一名顧問，從製造商到公家機關，我見識過各式各樣的狀況，但不論是哪種行業，幾乎所有交不出成果的案例，問題都出在主管本身不會做假設。

部屬會無所適從，是因為不知道上司要的是什麼，再加上在拿出成果前，全部都得自己想辦法，才會陷入效率差、動彈不得的狀況中。

對部屬而言，最不會綁手綁腳的指導，就是由主管指示大方向和目標，執行方法則讓部屬自己去想。

如果要做的事情很明確，又能以自己的方式來斟酌決定，想必點子和動力也會隨之湧現。

領導人的核心職責，就是鼓勵部屬。

你或許覺得能單槍匹馬完成整個團隊的工作就好了，但這是不可能的，唯有與部屬共同合作完成重大的工作，才能得到獨自一人無法實現的成果。

「如何鼓勵部屬？」我相信這是所有領導人的共同課題。

讓團隊搭上順風車

利用假設來管理，就能鼓勵部屬採取行動。

我見過許多領導人單憑建立假設，就使事情產生顯著的變化。團隊運作良好時，除了能讓日常事務更得心應手外，還能帶來更多好處。例如：達成團隊目標、培養成員間的信賴感、提升公司內部的評價……更加充實達成目標所需的要素。

隨著經驗累積、成果提升，還能進一步磨練假設力。這種良性循環，將促使團隊表現更上一層樓。

「能加入這個團隊真好，很慶幸進了這間公司。」為了讓相信並追隨你的部屬產生這種想法，請鞭策自己成為一位擅長建立假設的領導人。

第二章

假設不是空想，靠提問

1 假設，就是先決定不做的事

使用假設有助於簡化工作，讓主管把必要的事情統整起來，並將其精簡化，才不會把力氣浪費在沒意義的事情上。

日本長野縣有間專門生產寒天的伊那食品工業公司，市占率傲視日本全國。這間公司的首席顧問塚越寬，正是靠著假設獲得經營上的成功。

他總是想盡辦法消除不合理和多餘的環節，不停設想如何簡化工作。甚至連豐田（Toyota）的高階主管聽到這項傳言後，都直接找上門向塚越請益。當然，公司的收益也持續穩定的上升。

在這種公司，所有員工都會運用假設來工作，他們不會只做上司交辦的事情，而是先自行思考再採取行動。

塚越和這些員工同心協力，以精實的方式經營公司。

決定「不做」的事

比方說，這間公司在採購時都不會議價。

塚越認為價格談判既耗神又花時間，這樣做根本是在白費力氣，故而訂定了「廠商報價照單全收」的規則。

可能會有人擔心供應商浮報價格，但這項決斷其實是根據一個假設所建立的。塚越認為如果供應商哄抬報價，導致伊那食品工業難以持續經營，對方將因此痛失一名大客戶。因此，儘管哄抬報價能使供應商在短時間內獲利，但以長期來看，只會造成損失。

塚越的假設是：「假如能與交易對象建立起牢靠的互惠關係，儘管不進行價格談判，對方也不會故意提高報價。」

最初停止談判時，確實有廠商立刻就抬高價格，而公司也按照對方的報價付款，但不久後，廠商就如假設所預測的，轉而提出合理的報價。

托這個假設的福，公司得以將至今耗費在價格談判上的時間與勞力，投入足以拓展企業強項的部門，例如商品開發等。

沒有假設的領導人，應該無法像塚越一樣做出如此大膽的決斷。他們不明白做出決斷後會發生什麼狀況，所以偏好維持現狀，避免承擔後果。

不過，在瞬息萬變的今日，維持現狀的做法很難趕上變化，最終只會走上衰退這條路。

考量到公司和團隊的發展，你應該建立出明確的假設，去改變必須改變的事情。

2 把問題變課題，你的「如果」才會實現

那麼，領導人到底該如何建立假設呢？

接下來，我想介紹我在花王時和團隊一起開發出的「課題解決法」，幫助你建立準確度高的假設。

首先得從**釐清「課題」**開始。

假設就是為了解決這個課題而創造出來的想像路徑。不明白課題是什麼，就難以設計出有效的假設。

舉個例子，我在培訓時常常會不做任何事前說明，就請學員當場提出三個工作上遇到的課題。在這種時候，我發現學員們就算能輕易列出課題，但那些課題幾乎無法直接應用到假設上。

找出真正的課題，並探究其中的原因，才能建立有條有理的假設。

管理就是把問題變課題

正如前面提到的，假設的存在是為了解決自己的課題，而非問題。我想說的是，課題與問題之間其實有明顯的差異。

假如你在某間專門服務客戶的企業上班，而公司宣稱要提升顧客滿意度，但實際上你每天都為了處理客訴而疲於奔命。這個情況不只對你來說是個問題，也是整間公司的問題。

相較之下，所謂課題，就是你為了解決這個問題，應該去做且辦得到的事情。如果你是銷售團隊的主管，為了解決大量客訴的問題，你就會面對「如何更細心的解說商品」等課題。

領導人必須把問題當成分內的課題，建立解決該課題的假設，並付諸行動。

不懂得將問題轉化為課題的領導人，對於「自己該怎麼辦」及「該讓部屬做什麼」都沒有先見之明，所以無法順利推動團隊。

圖表2-1 將問題轉化為課題

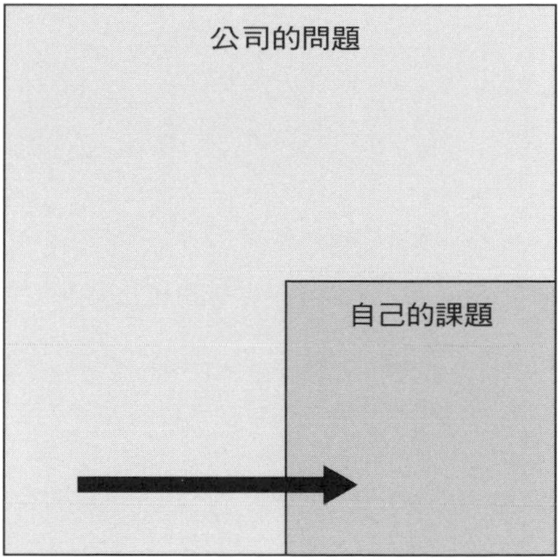

將任何問題當成自己的分內事，
並建立足以解決的假設。

然而，當你把公司的問題當作自己的課題時，就能清楚看出真正該解決的事情，進而建立容易實踐的假設。

請務必釐清在你眼前的是問題還是課題。如果是問題，那你就必須先將其轉化為課題。

3　三步驟、四次WHY掌握假設

確認好課題之後，現在就來看看該如何建立假設吧。下面列出三個簡單的步驟，只要照著做就能提出很有效果的假設。

第一步：提出課題，整理出構成阻礙的問題。

第二步：設定真正的主題。

第三步：反覆提問四次WHY。

第一步：提出課題，整理出構成阻礙的問題

首先，提出課題。假如你是銷售部的主管，可能會是「將客單價提高二〇％」。

確定好課題後，你就不應該再插手其他事情，而是專心一志的解決現有的課題。接著，再列出可能構成阻礙的問題。

以下是為了「將客單價提高二〇%」所列出來的現象：

- 只開發新客戶，回購率又很低。
- 未提出符合顧客需求的方案。
- 文件頻頻出錯。

重點在於提出**具客觀性**的問題，並盡可能**排除主觀的臆測**。

做不出成績的主管都非常主觀，只提得出有事實根據的現象，例如：

「A不勝任工作，都在扯其他員工的後腿。」

第二步：設定真正的主題

接下來，要設定真正的主題。所以，你要從第一步列舉的現象中，找出最大的阻礙。

究竟是哪個呢？你必須選擇**最現實、也最直接的選項**。

以這個案例來說，應該先剔除「文件頻頻出錯」，並從「只開發新客戶，回購率又很低」及「未提出符合顧客需求的方案」中二擇一，決定何者才是真正的主題。

第三步：反覆提問四次WHY

若要找出真正的主題，最少要反覆提問四次「WHY」，我會在第八十二頁中深入解釋原因。

藉由反覆提問為什麼，可以讓你的假設越來越具體。舉個例子，假定「未提出符合客戶需求的方案」是真正的主題好了，那麼，反覆提問四次「WHY」時，可能會導出以下內容：

【第一次WHY】「對顧客的說明不夠充分。」

【第二次ＷＨＹ】「對新商品的資訊掌握不足。」
【第三次ＷＨＹ】「等到上市前最後一刻才發布新商品資訊。」
【第四次ＷＨＹ】「銷售部門與研發部門之間缺乏交流。」

想不到原因就隱藏在出乎意料的地方。

所以，你就可以將假設定為「無法達成每位顧客的購買客單價提升二〇％的原因，可能就出在銷售部門和研發部門之間缺乏交流。」

4 六種假設發想法，團隊績效十倍勝

一旦建立起假設，就要思考如何去解決、改善。

下面將介紹六個發想法，只要利用這些工具，就能幫助你找出有效果的方法：

一、替代法。

二、搭配法。

三、套用法。

四、修正法。

五、轉換法。

六、重組法。

接下來我會依序解說。

一、替代法

你可以藉由替換的方式來引導出解決方案，等於單純思考「**可以用什麼交換**」來為問題解套。

這個替代品可以是物品、金錢、系統，甚至是人。

只要可以代換，你都可以嘗試看看。

例如：

「銷售部門和研發部門之間缺乏交流。」→「不要只靠遞交文書來提供商品資訊，而是在會議上共同分享。」

這種方法的優點是執行上很簡單，能把所有想到的都拿來試試看。

二、搭配法

這是一種藉由**組合**不同事物來產生新事物的手法。例如，日本藥妝業界排名第三的 COSMOS 最出名的事蹟就是除了販售醫藥品之外，也加入食品，因而大幅提升銷售業績。

結合了藥品及食品市場不僅能增加業績，販售食品還能吸引不需要藥妝品的顧客來光顧店面，增加對客人的吸引力。

若使用這個方法，肯定很快就會出現新的靈感，如：

「銷售部門和研發部門之間缺乏交流。」→「由第一線人員去探聽顧客需求，再交給研發人員打造新商品。」

將既有的商品銷售結合需求調查，就很有可能提高工作價值。

先盡可能寫下所有想法，再查看有沒有搭配起來很不錯的組合。以這個流程來發想的話，說不定會浮現出乎意料的點子。

三、套用法

當你覺得「我想不到任何點子」時，不妨試試容易上手的套用法。比方說，你可以**將成功案例直接應用**在自己遇到的狀況上。以下是利用這個方法的例子：

「銷售部門和研發部門之間缺乏交流。」→「採用其他部門順利進行資訊交換的方法。」

套用現成的成功案例，還能降低失敗的可能性。

這個方法還有另一個好處，就是向他人說明時，因為有舉出實例，對方就更容易理解。

四、修正法

雖然很簡單，但直接修正現狀也很有效果。

「銷售部門和研發部門之間缺乏交流。」→「收到研發部門的訊息時，要分享給所有成員。」

光是像這樣子的修正，就有可能獲得改善。

相信部屬們都有想過怎麼做才能改善現狀。所以，不妨**和部屬一起尋找解答**，說不定他們會提出主管想不到的好點子。

五、轉換法

大家都在用的便利貼，其實源自於一個很有趣的發想。

它原本是實驗失敗而製造出的低黏力膠水，結果卻以「能重複黏貼的便條紙」作為賣點成功商品化。

大家在思考解決方案時，不妨參考這種轉換法。這個方法不僅限於物品，安排人力資源時也很有用，例如：

「銷售部門和研發部門之間缺乏交流。」→「建立一個銷售部門與研發部門之間的人才交流制度。」

如此一來，說不定就能發現解決對策。當你感到走投無路時，試著**澈底反轉原有的點子**，也許就能幫助你找到更好的方法。

六、重組法

當結果不如預期時，改變一下順序，或許就能輕鬆解決。

比方說，你可以採取與一般買賣完全相反的銷售模式，像群眾募資就是讓顧客在商品完成前付費。

用這個方法的話：

「銷售部門和研發部門之間缺乏交流。」→「由銷售部門主動到研發部門探聽消息。」

藉由**重整流程**，就能打造出一個效果更棒的新流程。

天馬行空的發想並不容易，而且大多做不出成效。與其如此，不如想得更簡單一點，以重組流程的方式來尋找出路。

請善加利用上述介紹的六種發想法，建立起「假設→實踐」的流程，打造出更好的團隊。

5 豐田人都會先問五次WHY

順帶一提，前述提到發現假設的第三步「反覆提問四次WHY」，這個方法其實不僅適用於建立假設，在探究原因和指導部屬時也很受用，對主管來說，這是一個非常重要的思考過程。

很遺憾的是，大多數人都很不擅長「思考為什麼」。

而且，去探究原因時，也很容易被旁人貼上愛說教、麻煩人物等標籤，導致自己陷入難以思考的處境。

但是，成功的公司都很重視探究原因一事。就以人盡皆知的豐田為例，該企業澈底在內部實踐「反覆提問五次WHY」這條原則。

例如，汽車工廠的生產線出現不明故障時，不會直接當成負責人的失誤，而是藉由反覆提問五次「WHY」來檢討，甚至深入運作流程和操作手冊中追究原因。豐田透過澈底改善容易發生人為疏失的部分，設計出生產現場的專有技術（know-how）。

這麼優秀的思考法，沒道理不能運用在我們的工作之中。

怪錯不怪人，才能解決問題

相信很多公司在發生問題時都會去追究原因，但最後往往把問題歸咎到「人」身上，儘管最根本的原因並非如此，仍一味的將錯誤當成個人問題，以不夠用心、沒好好確認等緣由來草草完事。

光是呼籲：「原因出在負責人不夠用心、沒好好確認。今後各位要多加注意。」絕對無法杜絕問題。真正的對策，應該無論是誰在任何時候執行，都能出現相同的結果。

為什麼許多公司無法像豐田那樣有效的原因探究呢？

那是因為怪罪部屬對上司來說比較省事。只要讓犯錯的人寫份悔過書，或安排其他職務，就姑且算是解決了，也不會往上追究上司的責任。

不過，如今這種做法行不通了。

即使犯錯也不能過度處罰，因為有些人看到主管或公司將過錯推給部屬，就會考慮換工作。

因此，領導人有必要用WHY思考法找出最根本的原因。成長迅速的星野集團（按：日本高級酒店連鎖集團，旗下擁有將近四十間飯店）就主張「怪錯不怪人」，這句口號充分展現出探究問題根源的態度。

6 問為什麼、分享失敗，讓部屬自己思考

WHY思考法不僅能用於問題發生的時候，也能夠改善日常工作。

我希望你能夠坦誠面對使用WHY思考法時發現的小問題。

在這個過程中，團隊的問題將隨之浮現，所以對你來說可能很不是滋味。可是，如果裝作沒看到，就無法改善團隊的表現。

要特別留意的是，不能把原因怪罪到某個人身上。儘管問題很明顯出在某位特定人物身上，也要再提問一次「WHY」，深入探究「為什麼這個人的工作會出問題？」

我任職於花王時，也常常敦促部屬利用WHY思考法，像做簡報時就是很好的學習機會。

在聽完簡報之後，你不妨試問：「很好，報告非常清楚易懂。不過，

圖表2-2 找出真正的原因

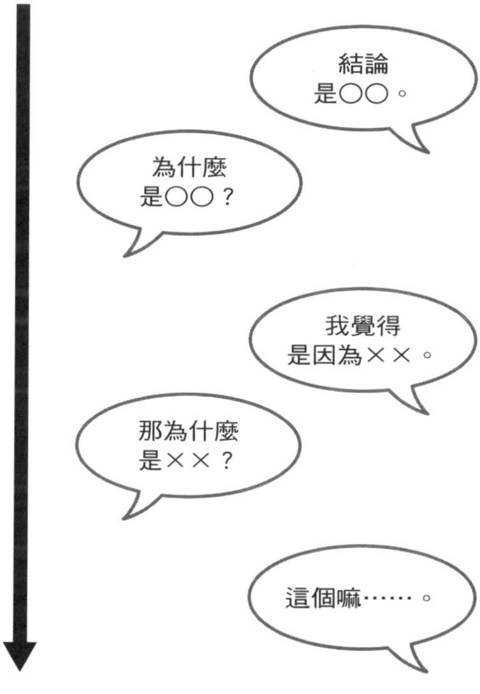

藉由反覆提問「為什麼」，
來深入探究原因。

為什麼會超時五分鐘？」促使對方自行思考原因。最重要的是，一定要讓部屬自己去想，而非由上司直接點出該改善的部分。

像這樣在日常事務中隨時提問：「為什麼？」、「原因是？」就能培養部屬自行建立假設並付諸行動的能力。

你問了幾次「WHY？」

想找出根本原因，必須效法豐田不厭其煩的反覆提問「WHY」。通常，如果我的客戶屬於研發或製造類型的公司，我會建議他們問五次，其他工作類型則提問四次。

因為技術類的工作在流程和組織上較複雜，所以不花上五次深入探討，大多時候無法找出問題的根源。其他類型的工作，大約問個四次就綽綽有餘了。

但是，不論哪一種狀況，你都不必拘泥於我建議的次數，只要你覺得原因探究得還不夠充分，就反覆提問「ＷＨＹ」直到滿意為止。此外，當團隊運作不順利時，ＷＨＹ思考法也能發揮影響力。

分享你的失敗，部屬就會追隨你

為了讓部屬好好思考原因，主管也要顧慮到部屬的情緒。

從犯錯部屬的立場來看，追究原因就等於要去面對自己的過失，內心必定很難受。

所以，此時最好的做法，就是一邊和部屬**分享自己的失敗經驗**，一邊和部屬一起好好思考。

你可以說：「我也因為這點搞砸過，你覺得這次為什麼會出錯？」藉由展現同理心的方式，促使部屬去思考根本原因。

如果你單方面責怪他，表示：「這是你的問題，就是這點沒做好。」對方不只聽不下去，也無法澈底解決問題。

一次也好，請試著分享自己的弱點和失敗經驗。這麼做的話，部屬就會認為你是好相處的人，便願意和你一起追究原因。不管你說的事情有多麼正確或重要，如果說話方式無視部屬的心情，對方肯定聽不進去。

優秀的領導人不會咄咄逼人，還會照顧部屬的情緒，藉著說出「我也煩惱過類似的問題」等回應，營造雙方之間理性討論的氣氛，這點對於追究根本原因來說不可或缺。

挖到底才會發現真正的原因

現在來看看實際運用WHY思考法探討原因的過程吧。

假設「減少客訴」是某間賣場的待解決課題，而他們思考：「為什麼客訴量降不下來？」之後，發現主要原因是「和客人之間發生糾紛的狀況太多」。

找出主要原因後，千萬不能停下來，不然最後就只會呼籲：「大家小心不要發生糾紛」來了結，所以要反覆提問「WHY」來深入尋求真相。

如此下來，他們發現問題出在「每位店員的服務方式都不同」，於是更進一步思考「為什麼每個人的服務方式都不同？」才發現是因為「沒有機會教導店員待客之道」。

最後，再一次提問「WHY」後，終於得出「沒有可供參考的客服手冊」這個結論。

這才足以稱作根本原因。「減少客訴」這項課題，乍看之下很難跟「沒有客服手冊」產生聯想，但正因為有反覆提問「WHY」，才能找到真正該處理的事情。

只探究一個原因

我在講座研討會等場合談到WHY思考法時，常常有人會問：「如果發現好幾個原因，且很難篩選時，該怎麼辦？」

遇上提問「為什麼？」卻得到好幾個原因的情況時，你可以先把候補選項通通寫下來，再從中選出最重要的一個，針對該項原因深入探討。

要是同時深究多項原因，就會等量增加必須改善的地方，這麼做反而會讓現場更加混亂。更何況，就算解決了這次的課題，在尚未釐清根本原因之前，你也無法制定具體對策來防範該狀況再度發生。

7 主管愛提問，團隊動起來

工作的要訣在於盡量簡單化。你應該遵循的流程是：先探究其中一個原因，並執行改善方案，若有做出成效，再針對其他原因提問WHY……以此類推。

剛開始可能會搞不清楚哪個才是最重要的原因，不過實際做過幾次後，就會在不知不覺之間掌握竅門。

我在花王時都會不斷的使用WHY思考法來探究原因，隨著使用次數變多，我篩選重要原因的精準度就變得越來越高。

想提升提問的精準度，除了多加練習之外，別無他法。重要的是，領導人平日就該不厭其煩的對自己及部屬提問：「為什麼？」

我有一位客戶是某連鎖調劑藥局的社長，我都會時不時的問他：「為什麼？」

這位社長平常都待在東京，但他仍會不辭辛勞的踏出東京巡店。每次到訪時，他都會四處向員工們詢問：「哪些做法成效不錯？哪些不盡理想？你覺得是為什麼？」除了得到回饋，也會連帶分享成功或失敗的案例，例如：「○○分店好像做了這樣的嘗試。」

由於員工很清楚社長會問WHY，所以平日工作時都會努力動腦。結果，不用一一指示也會主動去做的員工就變得越來越多。

你要像這位社長一樣，毫不吝惜的對部屬拋出疑問，這就是順利帶動團隊的祕訣。

把部屬放在心上？你得表現出來

除了提問之外，主動上前搭話也有助於培養與部屬之間的信賴感。

這是我剛進花王幾年，還是新人時發生的事情。

當時，我第一次負責向經營團隊報告會計事務，這是一項重責大任，所以不惜犧牲睡眠，我也想做好萬全的準備。不過，我才報告到一半，就因為時間不夠而被趕出會場。我付出了這麼多心血準備，卻遇上這種事，心情非常低落。

但不久後，一名有聽我報告的常務董事特地來我工作的樓層表示關心，他說：「看得出來你準備得很認真。」

這件事讓我感受到「自己是被期待的」，而得以保持積極的態度，決心繼續努力下去。然後，我也變得更信賴那位常務董事了。

對一位領導人來說，能否展現出把部屬放在心上的態度，是非常重要的課題。

8 魚骨圖：從結果反向思考

有句話說：「事出必有因。」簡單來說，就是每個結果背後都有原因，而這個原因是由自己內心的想法所引起。

經常閱讀商管或自我成長類書籍的人，一定都至少聽過一次。這是一條很經典的原則，也是取得商業成功的絕對法則。

為什麼這個原則會這麼受到重視？我想是因為大家都很容易忘記事出必有因這項事實。

工作的成果是由許多因素交織相連所產出的，偶爾會聽到別人說：「事情進行得莫名順利。」但就算是在這種情況，「原因」也是最直接影響結果的因素。

換言之，如果你清楚自己想獲得什麼樣的結果，那也必定存在著一個與之直接相連的原因。

有能力的領導人，都很擅長找到與結果相連的原因，他們很明白怎麼做才能得到期望的結果。

只要擁有這樣的能力，你就不會再去想無關緊要的事情，也能明辨哪些資訊沒有必要。

只要先大略想像出結果的模樣，並開出一條抵達該處的路徑，蒐集資訊來建立假設就不再是難事。

你可能會覺得，這聽起來很理所當然，但其實有很多人都辦不到。想像出一個結果，並為其蒐集必要資訊，就是優秀領導人的必備條件。

首先，你要提醒自己即使不列出所有細節也沒關係，然後嘗試從結果進行粗略的反向推想。

於前文第七十一頁提到的假設建立法，主要是為了解決當下的課題。

所以，我想在這裡介紹達成目標專用的假設建立法。

達成目標不能少的魚骨圖

寫完達成目標所需的原因，你應該會列出形形色色且繁雜的紀錄，而下一步就是要彙整這些內容。

這時不妨利用稱作「魚骨圖」的框架來進行彙整（見第九十九頁圖表2-3）。魚骨圖又稱作特性要因圖，意指將影響某個主題的因素整理成系統化的圖表，因其形狀類似魚骨而得名。

只要使用魚骨圖，就能幫助你思考利用哪些要素和具體方案可以達成目標。

舉例來說，假定你是某項新商品研發團隊的領導人，目標是研發出適合現代家庭需求的洗衣精。

首先，請在最粗的魚脊右邊寫下你想達成的目標。

接著，就來思考中骨的部分。因為要研發洗衣精，所以得先寫下消費者選擇洗衣精時最看重的要素。

最先想到的應該會是功效、價格、分量、安全性等項目，你可以將這些項目逐一寫在從魚脊分出來的中骨線上。最後，針對每一個寫在中骨上的要素提出消費者需求，並在小骨上寫下具體方案。

- 功效↓在室內陰乾也不發臭。
- 價格↓補充包售價低廉。
- 分量↓少量即可澈底洗淨。
- 安全性↓溫柔呵護孩童肌膚。

接下來，只要從中決定哪一項需求應該優先滿足即可。

因為目標、要素與具體方案都一目瞭然，所以你肯定能建立出有效的假設。

圖表2-3 以魚骨圖來發想

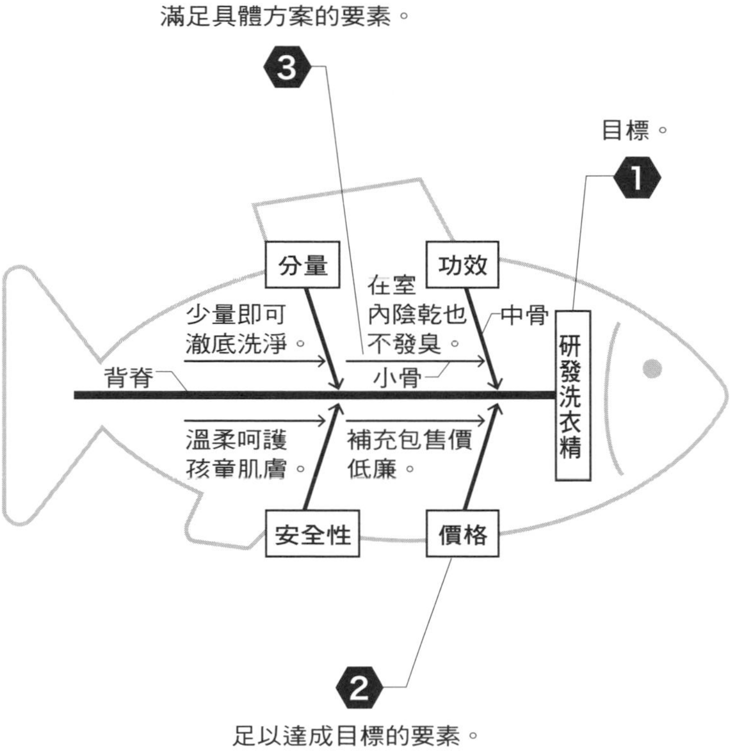

想像與現實的差異，就是成功關鍵

總而言之，一位領導人必須重視想像出的結果。

如果你讓自己被如岔路般的小事困住，就會因為看不見事物的全貌而不知所措。一旦落入這個陷阱，你就無法做出成果。

想獲得你所想像的結果，你應該要養成隨時思考必備要素及具體方案的習慣。

為了實現預期的結果，一位傑出的領導人能夠具體化必要的條件。他心中會先有一個概略的想法，例如：「這樣做有問題的話，就換那個方法來做。」

一邊想像結果，一邊思考抵達目的地的必要條件並執行。等結果出現後，你可以利用魚骨圖來重新審視自己的假設。

畢竟，實際執行時可能會發現事情沒有按照假設發展，所以你得找出想像與現實之間產生差異的原因，因為這之中隱藏著邁向成功的線索。只要你能從這個角度去想，就會清楚明白什麼才是頭等大事。

我會在第三章詳細說明驗證假設時須注意的幾個重點，請多多參考利用。

9 光是想像，就救了公司一命？

前面說明了從結果反向思考的重要性，但為什麼大部分的領導人都做不到如此理所當然的事情呢？那是因為他們欠缺想像力。

事實上，很多人都無法在腦中描繪出事情發生的畫面。

不過，只要接受訓練，任何人都能學會從結果反向思考的能力。就算失敗了，你的想像力也會在反覆實踐的過程中不斷提高。

想像力越強大，建立假設的速度就越快，驗證假設時也會更加順利。

很多人都學過該如何做生意，卻唯獨沒被教過想像的技巧，所以也不能怪他們不懂得如何思考。然而，一個當主管的人，若欠缺想像力是做不出成果的。因此，首先你要澈底意識到反向思考的重要性，並藉由提出假設來鼓勵部屬行動。

想像力，是花王的超能力

這是丸田芳郎擔任花王社長時發生的事（按：丸田芳郎的任職期間為一九七一年至一九九〇年）。

某天，豐田的高階主管來參訪花王的主要廠房，據聞當時廠內最先進的裝置、設備和商品群，讓豐田的高階主管感動到表示：「我看花王肥皂，早已不是單純的肥皂製造商了呢！」

這句無心之言，打動了丸田社長的心，使他思考：「社會即將面臨巨大的改變，而花王需要迎接新的挑戰。」進而成立了新品牌蘇菲娜（SOFINA），進軍化妝品業等，致力擴大經營版圖；公司名稱也從花王肥皂股份公司，變更為花王股份有限公司，使其成為日本最具代表性的化學製造商。

丸田社長想像了日本在迎接高度經濟成長時期後，將會如何變遷，便根據這個想像建立假設來經營公司。

除了經營方針之外，他也將想像力澈底發揮在日常工作上。

「我們用大型油輪從菲律賓載運椰子油，但回程讓油輪空著實在很浪費，何不乾脆在船內製造肥皂呢？」

「要把原料倒入大型油輪時，與其用軟管由下往上送，不如把運輸車運到船上，從那裡直接倒更快也更方便。」

第二個原料搬運方法，花王至今仍在使用。他就是有這種靈活的發想力的社長。

所以，想引領團隊往更好的方向邁進，就看你能否善用想像力。

10 媒體訓練法，輕鬆提升想像力

那麼，該做什麼樣的訓練才能提升想像力呢？

我想推薦一種媒體訓練法。

不論是電視或報紙，每天都會發送很多資訊。你可以利用這些資訊，試著想像「未來會有什麼改變」。

例如，當你看到全球股價下跌的新聞時，可以去想想看「美國之後會有什麼動作？」、「日本會採取什麼方式應對？」光是這樣的練習，就能讓想像力大幅提升。

美國作家暨生化學家以撒．艾西莫夫（Isaac Asimov）曾說：「假設，就如同能夠看清外部世界的窗戶，如果不時常擦亮，光線就不會再照進來。」

想磨練假設力，你必須天天進行想像力練習。不一定要是政治方面的主題，運動也好、娛樂也好，什麼都可以。選擇和你個人喜好或興趣相關的新聞，試著以自己的視角去設想可能會發生的情景，這樣就夠了。

結合興趣，讓想像力練習更有趣

在嘗試的過程中，你應該會發現與想像的不同之處，只要明白沒預測到的部分，就能進一步提升想像技巧。

你不妨從預測體育賽事排名等，能當做興趣的主題開始訓練。如果能把訓練跟你喜歡的東西或興趣結合，便能在享受樂趣的同時提升技巧。

在持續訓練的過程中，你一定會明白：「啊，如果有朝那個方向想的話就好了。原來還有比這個資訊更該注意的訊息。」

只要持續進行這項訓練，除了能提升想像力之外，建立假設的能力也會有所成長。

第三章

錯誤假設的必備補丁：「你們怎麼看？」

1 假設成不成立，靠部屬意見來驗證

領導人必須提出自己的假設，將之傳達給團隊成員，並努力獲得結果，而每個假設，都必須經過驗證。

相信很多人都曾在商管書上看過假設驗證一詞，而**所謂驗證，就是在回頭審視、確認現狀是否符合假設**。

彼得・杜拉克也說過：「事業的定義必須通過假設的驗證，並非刻在石板上的碑文。換言之，假設永遠都會隨著社會、市場、顧客和技術而不斷改變。」

沒有工作能百分之百按照假設推進，一定會發生意想不到的狀況。所以，不要執著於最初建立的假設，你應該要看清現狀，靈活的修正、調整假設，朝著解決課題的方向前進。

事情沒按照自己建立的假設進行時，正是領導人大展身手的機會。你可以請成員提供意見，幫助你重新建立一個假設，並再度指示團隊的前進方向。

不一一指導，要找有影響力的員工

我還是花王員工時，曾在山梨縣任職過一段時間。當時我隸屬於管理應收帳款等事項的部門，主要工作是管理該部門的員工。

有一次，我發現同事們在工作時閒聊的頻率增加了。剛開始我心想：「應該只有今天吧。」但這種情況持續了好幾天，工作效率似乎也因此降低了。

但我認為如果只是單純禁止大家閒聊，很難改變日積月累的習慣，所以我想找出更好的方法。

因此，我決定向其中一位女同事A尋求協助。她是深受部門同事信賴的人氣王，有很多同事會常常找她討論工作。

我把A找來，向她提出：

「我覺得這個部門的人太常私下交談，導致所有人都沒有專心工作。當然，趁休息空檔小聊一下沒有關係，但我想打造出一個工作時間就應該專心工作的環境。妳是這個部門的氣氛營造者，同事都很信任妳。所以，我希望能由妳帶頭，在部門中帶動能好好做事的氛圍。」

關於具體做法，我拜託她一旦發現交談有變長的跡象時，就把對方帶到其他地方。

我的假設是，因為A深受周遭同事信賴，由這樣的人氣王帶頭示範，說不定能連帶改變整個部門的氣氛。果不其然，隨著A減少私下交談的行為，其他同事閒聊的情況也變少了。

有時候，與其去一一指導每位部屬，不如請有影響力的人協助，反而能輕鬆推動團隊。

2 兩個假設要點，開會高效率

常聽大家說，日本企業只顧著花大把時間開會，但幾乎決定不了任何事情，導致開會效率低下。為了免除這種浪費時間會議，我很建議你把會議當成驗證假設的場合。如此一來，還能一併提升工作效率和幹勁。

比方說，團隊成員B設立了一個假設：「沒有達成銷售目標，是因為光是處理顧客投訴就疲於奔命。」所以他致力於減少客訴量。

之後，就可以趁開會時檢驗這項假設，而驗證的方法，就是請B發表處理經過與進度。

其中需要特別檢視的兩點是「**解決方案的可行性**」及「**假設的正確性**」。以B的例子來說，首先要確認「為了減少客訴，而採取了什麼樣的動作、得到了什麼樣的效果」，倘若成效不如預期，就要思考其他解決方

圖表3-1 提高會議效率的兩個要點

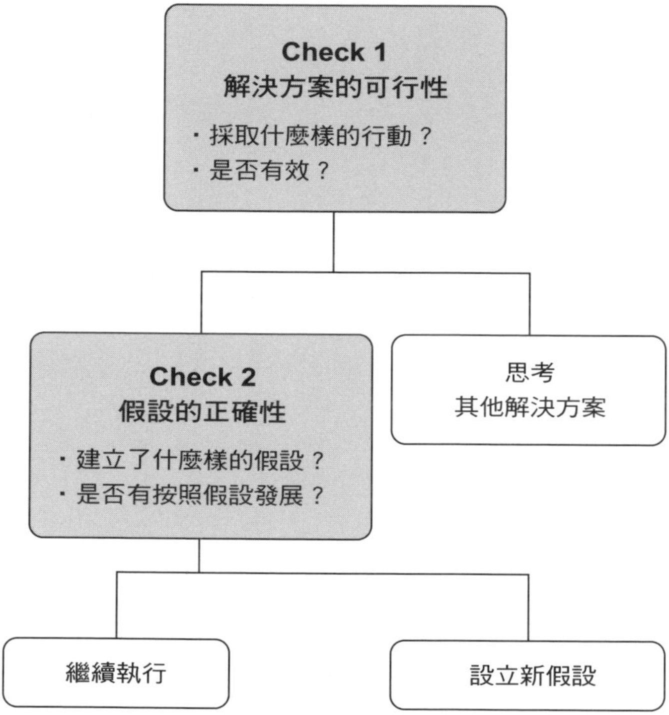

在會議上進行假設驗證。

案，請B再次施行。

如果看似有所成效，那就檢討假設的正確性，亦即B的銷售業績是否有隨著客訴量減少而得到實質改善。若業績因此而增加，就能認定這是正確的假設，B就可以朝減少客訴量的方向繼續努力。

另一方面，要是客訴減少了，銷售數字卻沒跟著變好，就能確定假設是錯的。遇到這種情況時，就要回頭思考「為什麼無法達成銷售目標」，並重新建立假設，然後請B根據新假設來檢討解決方案，在下次開會前付諸執行。

許多會議之所以會沒效率，就是因為「**沒有決定要在開會時決定什麼**」。一群人不明所以的齊聚一堂、發表不明所以的報告後便散會，根本是在虛度光陰。

但若把會議當成驗證假設的場合，不僅目的明確，也能檢討新的執行計畫，會議的效率就會立即提高。

讓部屬勇於發表意見

此外，讓整個團隊一起驗證假設，還有一個很大的好處，就是能順帶磨練部屬的假設能力。若想在會議上營造出所有人都能共同驗證假設的氣氛，不妨制定一些容易表達意見的規則，參考如下：

- 盡量不說否定性意見。
- 所有人都能隨時發言。
- 提出意見時，也可以綜合他人的看法。

在討論時記住這些規則，就能更有效率的利用時間。

領導人也要在會議結束前宣布下次要驗證誰的假設，受到指名的部屬則要預先以自己的方式驗證，並參與下一次的會議，這樣就能在開會時集結更有建設性的意見。

基本上，最好把開會頻率控制在一個月一次，最多不超過兩次，畢竟集體會議會打斷所有人的工作，還是少開為妙，必要時盡量進行個別會面即可。從驗證假設這點來看，如果開會日期間隔太短，也很難做出什麼成效，所以留下一定程度的空檔會比較好。

開會時，主管應扮演的角色

在會議上驗證假設時，領導人應該要注意意見是由誰提出的。具體來說，**你要聽取兩方不同的意見——職場歷練深的老鳥和經驗尚淺的菜鳥**。想必老鳥能依照自己的經驗，提出可行性高的建言；而菜鳥則因為沒經驗，反而不受既有觀念束縛，能從意想不到的角度提出建議。

傾聽立場不同的人對同一個議題的看法，能幫助你以多方觀點思考。

領導人的角色就是廣泛聽取各種不同意見，藉由「你怎麼想？」、「要不要聽聽其他人的意見？」等提問來引導會議進行。

花王的「自由會議」

在我任職的那段期間，花王澈底奉行「自由開會」的原則。大企業的會議總是容易淪為高層人員傳達策略的場合，與會者只要安靜聽話的情況居多。但花王允許自由發言，所以開會氣氛非常熱絡，從來沒有出現過上司單方面說個不停的情況。

會議之所以能進行得如此自由，是因為各司其職的企業文化已經完全扎根。老鳥自不用說，公司也會充滿信任的將工作交付給新人。

每個人都會抱著對工作的責任感，跨越上司與部屬的關係，互相交換意見。即便是新人也會積極發言，開會氣氛也非常良好。

3 口頭報告，不如一張便條紙

我相信你已經明白，修正假設可以讓工作更加順利。

既然要修正假設，部屬是否有實行「報聯商」（報告、聯絡、商量）就非常重要。聽取部屬提供的資訊，你就能從更多元的觀點來驗證假設。

據說當初這是擔任山種證券（現為ＳＭＢＣ日興證券）社長的山崎富治在公司內部推廣的方法，而如今，這已經成為所有社會人士必備的商務技能了。

為了讓部屬實踐報聯商，接下來我會介紹必須一起施行的原則。

首先，不論你有多忙，也要讓部屬知道「什麼時候可以來找你」。主管大多很忙，就算部屬主動詢問，事情也經常被延後，如果只是這樣倒還好，但有不少人碰到的狀況是，問題直接被拋諸腦後。

如果你只會說：「我現在很忙。」會讓部屬不曉得什麼時候才能跟你談話，漸漸的就不再主動向主管報告了。部屬若不向上提交資訊，最困擾的肯定就是主管本人。如果部屬只能憑自己的判斷行動，一旦出現問題，就是主管的責任。

為了避免陷入這種狀況，主管一定要讓部屬知道「什麼時候能談話」。我很建議你直接訂下規則，如：「每週三早上九點到十一點，是部屬報聯商的時間。」

請部屬用便條報告

假如你實在忙到沒時間跟部屬談話，請對方用便條來報告也是一個變通之道。與其聽部屬突如其來的報告，不如請他們把想告訴主管的話以便條型式提交。如此一來，主管除了容易安排時間，也能預先思考。

看完便條後，要是想知道進一步的資訊，就請部屬親自報告。由於主管已經事先從便條掌握了梗概，談話肯定會進行得很順利。

在培訓經理時，我最常聽到的煩惱，就是「我不曉得部屬到底想說什麼」。以「與交易對象A公司的交涉情況」為例，主管想聽的是簡明扼要又具體的報告，部屬卻想一口氣討論好幾件事，或說明得不清不楚，導致主管很難提供適當的建議。

這時，請部屬改用寫便條的方式報告，也有助於解決這個煩惱。在寫便條的過程中，部屬就會在腦中自行整理出想表達的事情。

為了讓部屬在簡單的統整過程中，順便內化自己想表達的事情，不妨利用便條來報告吧。

緊急狀況時，就忽略報告步驟

不過，當然也有例外。有突發狀況發生時，主管必須率先處理。

舉例來說，我在花王被教導「處理客訴是首要任務」。也就是說，被客訴時，部屬要立刻通報主管，主管也應立即處理。

我就曾經因為接到銷售總部的一通電話，告知：「我們收到老顧客的抱怨，麻煩你處理一下。」就立刻放下手邊所有的事去找對方。

遇到這種緊急情況，就沒有慢慢等便條送來的餘裕。你應該在前去處理的路途中，一邊聽部屬報告事情經過、一邊思考具體對策。

總之，面對緊急狀況時，就該忽略「報聯商」的步驟並立即處理。

主管要時時提醒部屬：「發生任何問題，都要在第一時間報告。」

順序是聯報商，而非報聯商

報告、聯絡、商量，不論哪一項在職場上都很重要。

一般來說，都會推薦按照「報告→聯絡→商量」的順序進行。不過，報聯商的排列方式只是配合「菠菜」的諧音而生（按：「報告、聯絡、商量」的日文縮寫與菠菜的日文同音），所以我認為應該要重新調整順序。

第一步應該從聯絡開始，因為對於建立假設來說，最有幫助的流程是：先聯絡，再報告，後商量。

簡單來說，我心目中的理想流程就是「聯絡→報告→商量」。

首先，部屬要向主管聯絡，詳盡呈報主管應該知道的資訊；然後在工作有任何進展時主動報告；如果不清楚該如何推展，再找主管商量。

至於重要程度，則以「聯絡→報告→商量」的順序逐步提高。以假設的角度來看，聯絡與報告能幫助主管修正自己的假設，商量則是與部屬一起驗證的過程。

從今以後，希望你能多多運用聯報商來管理日常事務。

4 領導的魔法句：「這個假設，你們怎麼看？」

如果團隊內有談論假設的風氣，討論自然就會更加熱絡。所以打造一個能讓假設互相碰撞的場所，也是領導人的重要職責之一。

正如我在第一一一頁提到的，先在會議上討論假設的內容比較好，但最理想的，其實是利用**簡短又自然的對話**交流彼此對假設的看法。

在大家習慣之前，可能會有點不知所措，但有了能夠暢所欲言的平臺，才能提升整個團隊的假設力和驗證力。

「**關於這項假設，你們怎麼看？**」

領導人要像這樣率先提問，藉此讓所有人深入思考。

另外，若你刻意用「我是這麼想的，因為～」的方式表達，「思考＋理由」的意識就會在部屬的腦中扎根，這種意識對思考假設來說也很有幫助。而且，大家不僅能聽到前輩根據自身經驗提出的意見，也能從後輩身上得到前所未有的新鮮看法，對團隊成員來說大有好處。

反覆進行這種有趣又熱絡的討論，就能逐漸找出精準度高的假設，連帶提升整個團隊的成果。

問別人，花王店長躍升業績王

這是我在花王的員工訓練部門時發生的小故事。當時，花王每年都會為新上任的店長舉辦約十次合宿培訓營，培訓內容包含美容、化妝實習，還有課題解決培訓等課程。

某年進行課題解決培訓時，北陸地區的店長提出一個問題：「現在難以招攬客人來店內光顧，該怎麼辦才好？」

結果，另一位店長表示：「我在這個地方花了不少心思，你要不要也試試看？」積極的和她交換意見。

雖然每個地區都有不同的環境和文化特性，很難直接複製解決方案，但其他店長的態度大大激勵了這位煩惱中的店長，甚至連她的想法也產生了很大的變化，她說：「我之前都只想到該如何為店裡吸引新顧客。但是聽過其他地區的案例後，我才發現，其實增加回頭客的數量更能提升業績。我會好好反省這一點，回去後重新修改客服規定。」

三個月後，她如願交出一張很精采的成績單，達成目標自不在話下，銷售數字與前年相比，成長幅度高達一五〇％。我從沒見過這麼驚人的成長案例。

該店長施行員工共享來店顧客的資訊、積極招呼來客等做法，成功增加了常客。隨著回頭客數量增加，店內變得充滿生氣，也招來更多新顧客，形成良性循環。另外，由於定期來店的客人增加了，銷售額不再參差不齊，預測門市成長就變得更容易了。

她根據其他地區店長提供的訊息，修正了自己的假設，才得以重建整個團隊。

5 團隊資歷分配的黃金比例

我常在工作現場看到什麼事都想親自動手做的主管，他們或許覺得與其交給部屬，不如自己做來得迅速與準確。

主管本來應該放手讓部屬自己採取行動，由整個團隊一起創造成果，但有些主管就是無法放心的將工作全權交給部屬。

那麼，主管到底可以安心將工作交給怎樣的部屬？那就是充分理解團隊方針及自己的角色，能從目標逆向思考、訂立工作流程的人。若是這種部屬，不用一一下達指示，也會為團隊好好工作。

然而，大多數的部屬，各方面皆仍在成長，固然無法賦予他們百分之百的信任。不過，當部屬正在嘗試用自己的能力建立假設時，主管仍應該放手。

但這不代表你應該完全放任不管，你必須請部屬匯報進度，並和他們一起修正假設。「與目標之間的差距是如何產生的？該怎麼修正工作方向？」主管要像這樣一邊思考，一邊向部屬提問。

優秀的領導人，不會獨自承擔過多工作，也不會將工作完全推給部屬，而是會表示：「加油，就差一步了。」鼓勵部屬一起朝目標邁進。

唯有這種心態才能點燃部屬的熱情，引領他們繼續成長。

從老到新，部屬的資歷比要三比七

有能力的主管，一定會不斷檢視團隊的工作狀況。除了檢查每個成員的工作狀態之外，也會一併驗證整個團隊的行動。

每個季度初期，都會決定各式各樣的課題和目標，主管還要分別制定半年、季度、月分的執行計畫。接著，再依照計畫設定團隊目標，分配任務給每一位成員。

由於資深員工過去已經有經驗了，自然知道自己該做什麼。但如果是缺乏經驗的菜鳥，大多對工作流程毫無頭緒，往往會偏離主管所設定的方向。若是此類型的部屬，就必須追蹤工作狀況。

考量到主管實際管理時要花的心力，**資深與資淺的人員比例以三比七最為理想**。面對能力不足的成員，主管必須和他們一起商量、思考要如何達成目標。

一位優秀的主管能洞察哪些部屬可以獨立行動、哪些需要支援，透過驗證工作成果，帶領團隊達成目標。

如果部屬拿不出成果

「照這種速度下去，就無法達成當季目標了……。」相信對於一位主管來說，這是最令人焦慮的情況。我自己也曾因為目標達成率不佳，而感到非常難受。

當你察覺團隊可能無法達成目標時，無論如何都要採取一些對策。主管主要該做的，當然還是先去幫助拿不出預期成果的部屬，而且你必須投注相當大的精力幫忙。

另外，有些主管可能會想將團隊的命運託付給有做出成績的部屬，便為其設定更高的目標，但最好避免這麼做。畢竟，對方恐怕只會想：「我明明已經做出成績了，為什麼還要逼我交出別人該負責的數字？」最後反倒害優秀的部屬喪失工作動力。

6 從暢銷到爆退貨，花王怎麼解決？

支援部屬、整頓團隊都是主管的重要職責，不過當現實大幅偏離目標時，就必須重新評估最根本之處。**主管要勇於回歸原點**，只要肯這麼做，必定能找出一條活路。

我在花王時，也曾經為了要擺脫困境而回到原點。

這是一個關於花王庫存爆量的故事。

化妝品的銷售額，基本上分成兩種類型。

一個是以出貨量為準的銷售額，亦即工廠將製造的商品運至零售店時的銷售額；另一個則是以零售店為準的銷售額，亦即實際在店面售出商品的銷售額。

有一段時期，花王為了讓大眾認為公司的銷售業績很好，便以出貨量來計算銷售額，藉由不停的將商品從工廠送往店面的手法來虛報銷售額。

但大量出貨給店面不代表會被消費者搶購一空，所以庫存自然爆量，最後花王不得不收回價值高達四百億日幣（全書日幣兌新臺幣之匯率，皆以臺灣銀行在二〇二一年二月公告之均價〇・二五元為準，約新臺幣一億元）的退貨商品。

不管是誰，只要稍微想一下，都知道店面的實際銷售數量才是頭等大事，但當時花王卻只考慮增加眼前的銷售額，才發生了這起不當事件。

以這起事件為契機，花王改變了政策，將重心轉換到實體銷售額上，也為店面的宣傳活動投注了不少力氣。換句話說，就是回到努力讓顧客購買商品的原點。

「何謂待客之道？何謂服務？該如何提升顧客滿意度？」公司改變了方向，轉而優先處理上述問題。銷售額不再以出貨量為基準，店面的進貨量必須配合實際售出數量，讓工廠的供給符合店面的需求。

結果，公司原本惡劣的氣氛變得煥然一新，員工得以將精力投入在本來該努力的地方，便更能自發性的提出點子並付諸實踐。

花王因為回歸最初的經營理念：「站在消費者與顧客的立場」，而改變了公司。

我從這個經驗中學到，**事情越是一團混亂時，越該重返原點**。希望所有領導人都能記住這條原則，在深感迷惘時，就返回原點、重新出發。

事情不順利時，為團隊踩剎車

對一位領導人而言，偶爾停下腳步思考也很重要。

尤其在事情進行不順利的時候，更應該停下來，一邊掌握團隊的動向，一邊轉換方向。「為什麼會不順利呢？」像這樣沉著的思考原因。

優秀的領導人，能夠察覺到微小的不對勁之處並迅速修復。

如同前述，花王之所以能從差點無法挽回的錯誤中起死回生，都要歸功於當時有暫時停下腳步並轉換方針。

若急於追求成果，想方設法不斷向前衝，結果卻陷入無法挽回的狀態的話，就毫無意義了。假如能夠暫時停下來，冷靜的掌握現況，就能避免一不小心直衝險境。

沒有片刻的冷靜，就無法另闢蹊徑。在關鍵時刻為團隊踩剎車，也是領導人的重要職責。

7 主管不能缺少的，是推敲失敗的理由

領導人必須時時檢驗目標的達成狀況。如果達成率僅有六〇％，卻自認已經盡力，這種心態很不可取。此外，也要澈底審視部屬交出的成果，並明確找出事情順利和不順利的原因。

順利完成的案例能讓部屬參考使用，累積團隊的專業技能和智慧。至於不順利的案例，則可以由所有團隊成員一起討論，找出理由或思考其他解決方法。

反覆使用這個方法，團隊自然就會認真面對目標，也能順利解決課題。共享每位成員的案例，不僅能增加所有人的成熟度，也能打造出擅長獨立思考和行動的團隊。

分享失敗案例時，要加上一句話

分享失敗案例時，有一個小小的注意事項，就是主管要妥善照顧與該案例有關的部屬。

沒有人會希望別人知道自己工作上的失敗，對吧？而且，當事人想必也不願意再度犯下相同的失誤，這時主管只要加上一句：「就當作是借用大家的智慧，為下次做好準備吧！」便能減少部屬的抗拒心態。

起初先請當事人坦率的發表不順利的理由，之後再請其他成員提出建議。為了要蒐集到各方意見，最好營造出不論菜鳥或老鳥都能輕鬆發言的氣氛。如此一來，當事人也比較能聽取眾人的建議。

釐清不順利的理由之後，就和團隊一起商討出**讓下一次能順利進行的對策**。

善用這樣的改善流程，便能打造出擅於順應時代變化的團隊。

花王失敗一次，公司卻大幅成長

花王過去曾推出一項在洗碗刷中添加家用肥皂的產品，名為「直接刷」，以下是關於研發「直接刷」的小故事。

當時，製造現場人員、會計部門，甚至連研究所人員都聚在一起，澈底討論該如何降低成本，又不會使品質下滑。

會計部的同事每個月來回現場無數次，不斷反覆討論，最後總算將一件商品的成本壓至僅剩十日圓（按：約新臺幣二．五元）。

不過，因為這是一項劃時代的產品，一旦登上全國電視廣告，必定會立刻缺貨，加上生產線尚未整備完善，供給將趕不上需求。

因此，「直接刷」的全國上市日期很遺憾的只能被迫延後。明明是需求強烈的商品，卻因故延期上市，大家都很驚訝，但對花王來說，則是一個很好的教訓。

由此可知，就連業績穩健向上的花王，一路上也歷經了不少失敗。

但正是因為對失敗的反應快速，而且為了不重蹈覆轍，公司內部澈底施行經驗分享等作為，才得以讓花王持續不斷的成長。

澈底的失敗，就是成功

任誰都免不了遭遇失敗。不論是部屬還是上司，大家都會犯錯。重要的是去思考如何從失敗中汲取能善加利用的經驗。

AXA安盛人壽保險的代表董事兼總經理安渕聖司總會留意這兩個問題：「是否有嘗試更大膽的假設？」、「已經失敗到無法挽回了嗎？」

另外，他也常說：「大膽假設大多都會失敗。所以一定要**牢記這些失敗**，才能走向成功。」正如安渕所說，想做出工作成果，反覆試錯是不可或缺的，失敗絕非可恥的事。

黑貓宅急便的創辦人小倉昌男也說過：「反覆又澈底的思考完之後，要是依然搞不懂，還是先試了再說。」

重點是建立、實踐假設，並密切關注過程，深入思考達成的方法。

你要全力**填補目標與現狀之間的差距**，問自己「這個差距是如何產生的？」列出想得到的原因後，再追究真正的原因，並根據原因建立假設、驗證假設、付諸行動，這就是最重要的。

那麼，具體上該怎麼做才能把失敗經驗套用到自己的假設上？答案就是在驗證時，列舉越多理由越好。

思考失敗的理由，也對建立假設很有幫助。也就是說，你可以有條有理的找出會招致失敗的做法。

探討成功理由的假設很常見，但追究失敗理由的假設卻很稀有。然而，唯有去推敲失敗的理由，才能找出需要改正之處，進而尋求改善方案並付諸實踐。

請試著找出有待修正之處並拿出對策，且不吝嗇的反覆試錯。

第四章

最強主管都用「這句話」打動人

1 假設要怎麼說，部屬才聽得進去？

擅於傳達假設的主管，能把部屬引導至正確的方向。

舉個例子，部屬C因為最近沒能順利與客戶接洽，一早就情緒低落，主管見狀決定和C聊一聊。

「你今天和客戶見面時，為什麼劈頭就介紹商品，沒有先跟對方至少閒聊個五分鐘？」

「但我真的沒有時間，今天還要跟其他客戶會面，加上公司要我多留意銷售業績，實在沒有這種餘裕。」

「這樣啊，但我希望你想像看看，連開場白都沒有，就被迫立刻聽你推銷商品的客戶會有什麼感受？」

「嗯……。」

「假如五分鐘不行，那兩、三分鐘也好。你不妨先從對方可能感興趣的話題起頭，譬如你很喜歡棒球，那麼簡單說一句：『甲子園讓我整個人熱血沸騰呢！』就可以了。對方聽到你聊這種話題，心情必定會跟著緩和下來，雙方就能在輕鬆的狀態下討論生意了。」

「原來如此。如果是這種程度的對話，我應該做得到。」

「開場白講完後，就照你平常的樣子洽商即可。我覺得你很擅長在一開始就獲得他人的信任。只不過，若因為太嚴肅而導致氣氛僵硬，給對方留下很無趣的印象，那就不好了。」

在上述例子中，主管根據「**洽商不順利可能是因為談話氣氛不好**」的假設，溫和的向部屬提出改善方案。

厲害的主管都能像這樣點出部屬沒注意到的問題。如果只是隨意說出尚未成形的想法，部屬也很難接受。建立一個**明確的假設**，並將其組裝成話語，便能輕易鼓勵部屬行動。

部屬在工作時，一定都會遇到各式各樣的煩惱。然而，當部屬認定狀況「無可救藥」時，只要及時提供一些契機或提示，就能幫助他們繼續向前、拿出行動。**給予契機和提示，是主管的重要職責**。

不是叫員工加油，要給契機和提示

只要根據假設給予提示，部屬就能領悟到：「啊，我懂了，原來還有這種方法。」並進而提高他們自行找到解決辦法的可能性。

如果主管只會在背後催促：「努力加油！」部屬也很難有任何作為。若是在從前經濟高度成長的時代，只要埋頭苦幹，多少還是能做出一些成果，所以鼓勵或許還有點意義。

但是，現在這種做法可行不通。如同我前面一再提到的，進行工作之前，若不先建立假設、對未來有某種程度上的認知，其實很難得到成果。

而且，部屬自己也很清楚這一點，所以在他們能完全以自己的方式接受之前，是不會有動力去行動的。

你說的話，部屬有聽進去嗎？觀察眼睛

那麼，部屬能接受與不能接受的假設，兩者有什麼差別？

說穿了，沒抓到重點的建議是打動不了部屬的。

雖然這個問題看起來很顯而易見，但仍然經常發生主管給的建議和部屬煩惱的事情完全不對盤的情況。主管必須仔細觀察部屬的狀況，一邊對照自己過去的經驗，一邊提出建議。

有幾個方法能幫助你確認自己是否給出了正確的建議：

一是觀察對方**眼睛的動向**。若在談話過程中，部屬眼睛突然睜大，代表你很可能提出了不錯的建議。反之，要是對方雙眼毫無動靜，可能是因為部屬覺得你的建議沒有意義，把這些話當成耳邊風。若發生這種情況，你就得換個角度切入。

二是從對方**點頭的方式**，判斷自己的建議是否精準到位。若接受度高，對方點頭的速度會變快，也會提高對話交流的頻率；如果部屬的點頭

速度緩慢，或「嗯……」一聲陷入沉思，就可以想想是不是自己沒有說到重點。

說服部屬的關鍵：主管不要選手兼教練

話說回來，什麼樣的假設才能讓部屬心甘情願的接受？

有一個大前提是，必須根據部屬的特質來提出假設。

主管可以透過不經意的閒聊，去掌握部屬是以何種方式在思考，並將之用於建構假設上。也就是說，**不要試圖將同一個假設套用到所有部屬身上**，因為每個人的做事方法和思考模式都不同，面臨的課題和解決辦法也是千差萬別。

或許你會覺得，要針對每一位部屬量身打造假設很困難，但引導每位部屬發揮各自的能力，就是一位領導人最重要的工作。

我在上課時都會告訴每位學員，主管最好不要選手兼教練（Playing

Manager），而是應該專注於管理部屬，因為部屬很需要細心的指導。

兩個問句，部屬就把工作當分內事

主管要遵循自己建立的假設來帶動部屬，但有時部屬不一定會按照自己的期望行事。

這是因為那個假設還沒有被部屬當成自己的分內事。至於如何讓部屬把假設視為分內事，就很考驗主管自身的提問能力了。

「關於這件事我是這樣想的，你覺得呢？」

這樣一句簡單的提問就夠了。

如果部屬沒有馬上回應自己的看法，這就表示他還沒當成分內事來看待，遇到這種情況，就要多給部屬一點時間思考。要是今天不行，就多給兩、三天讓部屬回去想一想，千萬不要因此而急躁，你要耐心的等待部屬找到答案。

給予對方充分的時間並持續對話，這樣下來，當雙方對於假設達成共識時，部屬就會把工作當成分內事來做。

另外，如果你能說出想到的事情，提醒對方：「**還有這種方法，要不要試試看？**」部屬就能快速付諸行動。

要讓部屬心服口服的確很難，但我仍然建議你積極的鼓勵對方。即使剛開始沒能引起共鳴，你也能觀察部屬的反應，並從中逐漸找出最有效果的激勵方式。

首先，你只要讓部屬認為：「雖然不曉得是不是最好的方法，但我明白主管的意思，我先試試看再說吧！」就暫且合格了。

美國人際關係學大師卡內基（Dale Carnegie）提出了三項鼓動他人的原則：

- 不批評、不責怪、不抱怨。
- 給予誠實、率直的評價。

● 激發人心中的欲求。

你可以先聆聽部屬的意見，藉此把握現狀，接著再提出部屬願意嘗試的建議。只要做到這一點，便能解決老是叫不動部屬的煩惱了。

2 這樣問，軟爛部屬變頂尖人才

部屬的類型各色各樣，如果都是傑出又可靠的人才當然很完美，但有些人的工作方式就是非常隨興。

就以我曾指導過的某公司員工D為例好了。D總是以臨時抱佛腳、走一步算一步的態度面對工作。做事毫無計畫，也無法掌握工作全貌，所以一直被工作追著跑、窮忙一通。

主管不太知道該如何管理D，所以我建議他可以定期詢問D：「**接下來會怎樣？**」

問一個辦事隨興的人：「這樣下去，之後會有什麼變化？」對方肯定給不出可靠的回答，因為這種人都是在沒有預先做假設、對未來毫無展望的情況下工作。如此一來，工作效率肯定不佳，也會變成瞎忙。

這個問題不僅限於D，大多數的部屬雖然都能處理自己手上緊急性高的工作，但行動上卻欠缺對團隊未來發展的認知。因此，主管要透過詢問：「接下來會怎樣？」讓團隊意識在部屬的心中扎根。

後來，D的主管每次聽報告時，都會詢問D對「未來的推測」。儘管最初D只能支吾以對，但隨著主管一次次詢問，他就逐漸養成了思考未來的習慣。接著，他的辦事效率便跟著提升，也知道如何謀定而後動了。

如今，聽說成為主管的D也會對部屬「拋出提問」。只要提問：「接下來會如何？」對方自然會去想：「之後可能會發生什麼事情？我做好準備了嗎？」

光是讓每一位部屬去思考：「目前手邊的工作，之後到底會怎麼發展？」就能預防團隊內部產生問題。這也是圓滑的帶動團隊的祕訣。透過詢問「接下來會如何？」來培養部屬自行預測未來的能力。

萬用提問法1：列舉出可能發生的狀況

探聽部屬建立的假設還有一個好處，就是主管管理起來會更加容易。透過聽取部屬的推測，可以有效的掌握工作狀況，這一點在主管建立假設時，會成為非常有用的資訊。聽完部屬的假設後，你也會清楚知道接下來該如何應對，以及應該給予何種建議。

附帶一提，「接下來會怎麼樣？」這個問題，有兩種問法可使用。

其一，請對方**大量列舉**出今後可能會發生的事情。

比方說，你可以詢問部屬：「你覺得和○○公司間的交易可能會有哪些狀況？」

此時，請部屬盡量回答出所有可能發生的狀況，然後一邊和部屬討論，一邊思考哪一個可能性最高。對資歷尚淺的部屬來說，這是很有效的詢問方式。例如：

「負責人非常謹慎，交涉可能會拖很久。」

「如果換掉負責人，也許馬上就能有進展。」
「如果能賣掉新商品，或許可以順勢簽訂合約。」

萬用提問法2：深入挖掘可能性高的狀況

其二，**針對一個可能性深入挖掘**。
舉例來說，你可以詢問：
「關於和○○公司的交易，你認為應該會如何發展？」
對有一定資歷的員工來說，這是很有效果的提問方式。
利用這種問法，你能協助做得出某種程度推測的部屬，建立精準度更高的假設，例如：

「負責人非常謹慎，交涉可能會拖很久。」
↓

圖表4-1 兩種萬用提問法

① 盡量列舉各種可能狀況。

對菜鳥部屬的詢問法。

② 深入研究可能性高的狀況。

對資深部屬的詢問法。

「我們可能要跟多家公司一起競爭。」

↓

「這樣的話，可能會舉辦競賽。」

↓

「說不定還得替對方打折或接受附帶條件。」

接著，讓部屬舉出可能性最高的狀況，然後深入挖掘事情會如何發展。主管負責從旁支援，針對方向性進行微幅調整。

主管要根據部屬的能力和工作內容區分提問的方式，盡力提高部屬的假設力。

3 主管要常講：「失敗也沒關係」

部屬心中各有不同的期望，但所有人共通的願望就是「希望公司提供一個能自由揮灑的舞臺」。

那麼，為了創造一個部屬能不被拘束的工作環境，領導人該留意哪些地方呢？關於這點，最有效的做法，其實就是**由主管傳達「失敗也沒關係」的訊息**。

有句話說：「部屬的成果是部屬自己的功勞；部屬的失敗是上司的責任。」這個原則請務必銘記於心。

不過，不管部屬有什麼點子，很多時候都會因為擔心「這種提案行得通嗎？」而不願意說出口。

若遇到這種情況，不妨找個四下無人的場合詢問看看。安排一個方便談話的場所，你應該能多少從部屬口中探聽到一些想法。

你也有可能遇上很難消化的情況，這種時候最好尊重部屬的想法，並告訴對方：「你可以先試試看。」

你不能阻礙部屬想做的事情，請先放手讓部屬嘗試，但身為主管的你也要做好承擔責任的覺悟。

如何引導部屬說出煩惱？

部屬要是找不到解決辦法，會很需要建議。「按照目前的做法繼續下去不會有好結果，該怎麼辦才好呢？」他們會陷入像這樣的煩惱之中。

然而，部屬很可能會擔心自己的評價受到影響，所以很難向主管坦承工作不順利。部屬明明想得到突破困境的線索，卻說不出口時，就該由主管主動伸出援手。

那麼，該怎麼搭話才能引導部屬說出心中的不安？

很簡單，你只要說，你希望聽他們談一談面臨的煩惱。

「不論問題有多瑣碎也沒關係，我們一起想辦法解決吧！」

請在平時就這樣告訴他們。

你甚至能**加入自己的經驗**，讓部屬更容易開口詢問。

「我剛進公司沒多久時，也曾遇到自己無法解決的問題，便向主管商量求助，結果他立刻帶領我找到了解決辦法。有時候從上司的角度去思考，就能夠找到答案。」

若能做到這一點，你的部屬勢必會願意向你坦承他們的煩惱。

4 團隊績效差？問題可能在主管

身為主管，你可能會不確定工作應該交給哪位部屬。

以下為我推薦的兩個篩選條件：

一、至今是否有做出成果。

二、個人潛力是否會因為交付這項工作而有所成長。

你可以直接將主導權交給滿足上述兩項條件的部屬，其他人則負責從旁協助。有些部屬可能還在向他人學基礎，但隨著經驗累積，那些部屬開始能夠預見整體大方向後，主管就應該把工作交付給他們。

其實在一個團隊中，成員們都很清楚誰的實力不足。若貿然將工作交給這種人，會為團隊帶來負面影響。其他成員一定會想：「竟然交給那個人負責？大家等著被扯後腿吧。」反而拉低所有人的幹勁。

也就是說，上級在安排工作時，部屬都會觀察這些選擇是不是真的適合這個團隊。所以，如果是與團隊績效相關的工作，一定要交給能完全滿足上述兩項條件的人。

交付工作後，主管就要變隱形人

分配工作時，主管千萬不能將自己的做事方式強加於人，和部屬說：「這是我的做法，你照做就對了。」

畢竟，大多數的部屬都想用自己的方式工作，主管必須理解這種心情，給予部屬一定程度的決定權。

把工作交給部屬之後，就要讓自己隱身幕後。

有些主管會因為自己當年是表現傑出的人才，便認定自己的做法是唯一正解，故而強迫部屬照做。不過，這樣只會產生無謂的摩擦，最終拖累整個團隊的表現。因此，一旦把工作交付出去，就不要再多說什麼，在背後支援部屬交出成果就好。

部屬不動，問題可能出在主管身上

相信不少主管都有類似「現在的員工都不積極主動」這種不知該拿年輕部屬怎麼辦的煩惱，但我認為單憑年齡來判斷部屬的能力並不妥當。

儘管熱情的程度各有差異，但我認為不論是誰，一開始都是想努力工作的。如果你覺得年輕部屬不夠積極主動，問題可能出在身為主管的你沒好好管理部屬。

比方說，你在交辦工作時，可能只簡單交代了工作內容，像是：「麻煩你去準備下星期開會要用的資料。」

但你其實可以換個表達方式：「麻煩你去準備下星期開會要用的資

料。大家都稱讚你上次做的資料非常簡單易懂，這次也拜託你囉。」像這樣**連同期望一起傳達**，還能順帶提高部屬的熱誠。

所有人都希望受到他人認可，這也被稱為「認同欲求」。這種欲求是絕對存在的，所以主管要藉由鼓勵的方式，讓部屬產生「我要全力以赴」的想法。

覺得「現在的員工都不積極主動」的主管，不妨回頭審視自己的管理方式是否有問題。最重要的是去建立一個合作系統，讓所有部屬合力提升團隊績效。因此，大家一起思考、相互扶持的團結態度非常關鍵。

5 訂定一個一〇五分的目標

為了協助部屬建立可行的假設，主管要先設定適當的目標。我會建議你設定一個延伸性目標（Stretch Goal），也就是對部屬來說並非輕而易舉，必須費一點力才能達成的目標。

要做到這一點，就必須**看清部屬的成長臨界點**。

所謂成長臨界點，指的是部屬能力的極限。對這一點有清楚認知後，就可據此設定目標。

假如目標數值為一〇〇分，一定有能夠成功達標的部屬；如果訂為一一〇分，則有其難度。這時，不妨取中間值一〇五分作為成長臨界點。

由於部屬目前的能力只能達成一〇〇分，所以為了填補多出來的五分，部屬就必須自行建立假設，架構出一套行動計畫。

不過，如果沒達成預定的一〇五分，也絕對不能責怪部屬，因為在突破一〇〇分的關卡時，部屬就盡到自己的本分了，請務必如實評價這個成果。接著，再和部屬一起討論下次要如何達到一〇五分。

這麼做就能維持部屬的幹勁，提高他們邁向下一個目標的熱情。

當目標無法數值化時……

設定延伸性目標時，要特別注意這一點：要是目標無法數值化，就很難確認是否達標。

比方說，將銷售額訂為去年的一〇五%很簡單易懂，但如果目標是提高顧客滿意度，便很難確認目標達成度。儘管部屬認為達成了，從主管的角度來看或許仍覺得不夠，因為這種目標包含感覺要素，很難得知確切的達成度。

在這種情況下，為了避免產生認知上的差異，不妨和部屬確認該詞彙的定義：「何謂顧客滿意度？」像這樣子先達成共識非常重要。

主管要和部屬充分溝通，決定一個雙方都能接受的定義。

讚美對新人有效，老鳥要用實質獎勵

上級一定要獎勵達成延伸性目標的部屬。

話雖如此，這不僅限於加薪或獎金等金錢獎勵，主管也可以用工作或言語來獎賞部屬。

你可以賦予達成目標的成員更重要的工作。藉由交付團隊的核心任務，可以增加部屬工作上的樂趣。

另外，言語上的讚美對新人來說特別有效，主管可以透過言語表達：「你的表現為團隊帶來很好的影響，很期待你今後的表現。」

另一方面，對於有一定資歷的人來說，光是讚美很難提升其幹勁，所以這樣的員工達成目標時，請務必用實質的方式來獎勵。

別忽視了潛力

激發部屬的潛力和為部屬設定目標一樣重要。

團隊中一定有些成員沒能好好發揮自己的能力，這種人很常替自己的思考與行動踩煞車，並因此而動彈不得。

如果你有這種明明能力不差，卻辦事消極的部屬，請回頭思考：「為什麼他們不願意跨步向前？」有時候，光是幫助部屬跨越一個眼前的障礙，他們就能展現出煥然一新的行動力。

這是我指導某間公司時發生的小故事。

該公司的主要業務是為公家機關提供行政和清潔方面的外包服務。

當時，我會定期請社長提出公司的課題，再一同思考解決對策。某一天，社長擔心銷售部的員工E有狀況，希望我去找他聊一聊。於是，我趕緊把E找來面談，發現他雖然能應付最低限度的日常工作，但看起來確實有些愁眉苦臉。

我想他可能遇上什麼煩惱，所以試著詢問：「你最近有什麼擔心的事情嗎？」

結果E開口說道：「其實我想到了一個新事業的點子。但很猶豫要不要提出來，我滿腦子都是這件事，所以有時候無法專心工作。」

E的點子是設立針對個人的新服務。公司最近陸續出現了一些前來諮詢的個人客戶，因此讓E想到家事外包服務的點子。隨著近來雙薪家庭增加，需要將家事外包的需求也越來越高，所以E覺得這說不定能成為一項公司的新業務。

我建議他先向公司提案看看。儘管不曉得會不會被採用，但我認為像E這樣對新業務有自己想法的人，應該要受到讚賞。

雖然E直到最後一刻，都很猶豫要不要提出自己的意見，但他真的提出來之後，竟馬上獲得採納，並立刻成立了新的服務。聽說現在E為了啟動這項服務，正忙碌的整合公司內外資源。

或許很令人意外，但在主管眼中沒什麼貢獻的部屬其實很多。不過，這種人絕非沒有能力，只要鬆開他們心中的煞車器，他們就會逐漸建立自己的假設並付諸實行。

當每個人都充分發揮自己的潛能時，團隊才能得到巨大的成果。你在指導部屬時，請務必記得利用談話消除部屬迷惘的心情。

6 利用三個圓圈，抓住部屬的優勢

接下來，我想介紹一個分配工作時很有用的手法，就是美國的組織心理學大師艾德・夏恩（Edgar H. Schein）所提倡的「三圓法」。

他將工作分成三大類：**喜歡的事情、擅長的事情、該做的事情**（見第一六八頁圖表4-2）。

只要善用這個方法，就能為每一位部屬做出適才適所的安排。

首先，你要特別留意喜歡和能做之事的交集區塊，藉此判斷部屬的性格和能力。

比方說，假設部屬喜歡接觸新事物，擅長英文會話、數據分析。那麼就從團隊的工作中，也就是該做的事情之中，挑出能同時滿足喜歡和能做兩個條件的任務給部屬。

圖表4-2 找出適合部屬的工作

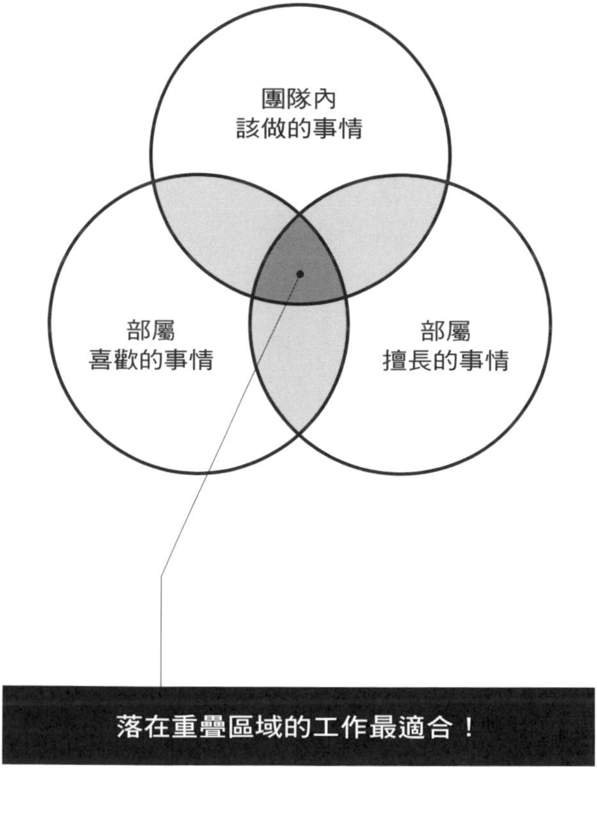

以「喜歡接觸新事物×英文會話」來看，他可能最適合將海外市場的最新資訊整理成報告等任務。若是「喜歡接觸新事物×數據分析」，則很適合分析近年熱門商品的趨勢等工作。

喜歡的事情能提升部屬的熱誠；擅長的事情則有助於做出成果。只要善用這三個圓，安排出上下級皆滿意的工作，自然就能產出好結果。

若能善用這個方法，就能清楚知道不同工作應該安排給誰，增加人力分配的效率及效益。

交付部屬喜歡又能勝任的工作

如果部屬能做自己喜歡又適合的工作，自我肯定感也會跟著提高。

儘管無法為所有部屬分配到三個圓交集處的工作，但光是有這份心意，便足以改變部屬辦事的容易度。因為部屬會理解主管為什麼要交付這項工作給自己，進而願意按照主管的期望做事。

然而，很遺憾的是，很多主管都是在不了解部屬的情況下，想也不想就分配眼前的工作。為了擺脫這種現狀，也為了良好的團隊運作，請務必善用三圓法進行安排。

如果你一時想不出來部屬既喜歡又能勝任什麼的話，和本人一邊討論、一邊條列出來也是個好辦法。

7 最該幫部屬培養的特質，是細心

細心是一項必備的工作技能。

指導超過一千七百家日本企業的商業顧問安田正指出，細心的人具有以下幾項特質：**統整力強**、**有同理心**、**邏輯清晰**、**服務精神旺盛**，以及**尊重他人**。他也斷定具備上述能力的人，更容易做出成果。

只要留意到自己欠缺這五項特質中的哪一項，並有意識的改進，任何人都能變得更加細心。然而，要靠自己看清自身不足之處有一定的難度，所以主管必須掌握部屬的弱點並加以指導。

你可能會為某些部屬感到惋惜，明明多用點心、多加把勁就能成為優秀的人才，但他們自己卻沒意識到這一點。

我認為這樣的部屬需要的就只是細心而已。

用假設培育部屬

細心是一種任何人都需要，也能讓所有人進步的技能。不只部屬需要變得細心，身為主管的你，也必須周密的管理日常工作。為了提升部屬的執行力，主管的細心是不可或缺的。

如果你想得到超乎預期的結果，部屬的嶄新發想以及行動便至關重要。只要你的部屬願意不斷做出超出假設的努力，就很有可能實現難以想像的成果。

此外，你如果希望部屬能夠勇於突破自己，也可以依據適性傾向安排有挑戰性的工作，鼓勵部屬嘗試。雖然擔心部屬可能無法勝任你分配的工作，但還是放手讓他們迎接新挑戰吧。

主管只要按照前述方法，根據自己的假設安排工作，最後肯定能培育出表現超出預期的部屬。

第五章

從犯錯到修正，假設才能成真

1 團隊怎麼動，由你的想像力決定

比爾·蓋茲（Bill Gates）曾說：「成功的祕訣在於你訂下的願景是否夠大。」領導人絕對需要花時間思考願景，因為唯有當你和部屬共享願景時，才能凝聚整個團隊的力量。

「工作成效由你的想像力決定。」

這是我在培訓等場合時常常告訴領導人的一句話，欠缺想像力的工作將難以順利獲得進展。

領導人必須和部屬共同擁有這份想像。任何一間公司，不論規模大小，都一定有自己的經營理念，在此之下還有團隊的目標。即便是用詞抽象的經營理念，只要領導人能將其完美融入目標中，部屬就能抱著相同的理想投入工作。

你的**理想越清晰，工作效率就會越高，就更能做出成績**。因此，讓整個團隊都共享並內化這個理想藍圖，是領導人的重要職責。

不過，我在進行培訓時，常有資歷尚淺的主管會問我：「我到底該怎麼做，才能描繪出整個團隊的目標？」

關於團隊的目標，沒有必要一開始就想得太大，只要從日常生活中尋找即可。比方說，如果你發現團隊的氣氛變得死氣沉沉，那麼，就先以讓團隊變得開朗活潑為目標，這樣就暫時足夠了。

如此一來，可能就會產出增加團隊會議次數等具體的改善方案。一開始做到這種程度就夠了，千萬不要想得太難。等會議次數增加後，再進入下一個階段，像是去思考該怎麼做才能讓開會氣氛熱絡起來。

為此制定一些簡單的規則或許不錯，像是只能在最後三分鐘提出意見，而且一定要用提問的方式進行，這樣才有助於找出積極的解決方法等，訂好這些規則後，大家就會變得更勇於表達意見。

如果和團隊共享一個小議題，一定能產生很好的效果。

把小議題當作第一步，團隊就會更強壯

先從小議題開始思考有個好處：部屬能更輕易的進行發想。要想出大議題並不容易。反過來說，若是那種工作上經常遇上的小事情，只需要做點小調整的話，應該不論是誰都能想到點什麼。仔細想，這種小議題充其量只能算是細枝末節，但如果能發展下去，肯定會成長為大議題。

就如上一節所提到的，把小議題當作第一步非常重要。這邊所說的議題，其實就是彙整出「你想要這個團隊做什麼？」；你也可以稍微縮小一點範圍，問部屬：「你希望自己是什麼樣子？你想要做什麼？」

決定好議題後，就和團隊分享討論，並將其目標化，這麼一來就能輕鬆做出成績。從小議題開始，慢慢的滴水成河、積少成多。

只要利用這個方法來創造目標，所有成員就會將其當成自己的分內

事，之後當主管下達指示，就能輕鬆帶動部屬。

舉個例子，假設你是銷售部門的主管，那麼，什麼樣的事情才能稱作好議題呢？

既然是銷售部門，那最好就以銷售額為議題。主管可以為每個人分配銷售目標，但難免會出現不滿意的人。

「為什麼我是一〇〇，他只有八〇？是根據什麼來分的？」團隊中至少會有一個這麼想的人，所以，你必須盡量設定一個**接受度高的目標**。

「上面叫我們要賺到〇萬元，總之我先分配給每個人，大家加油！」這種說法，沒有人會心服口服的。

你應該換個方式，改以團隊的角度來設定達成目標議題，明確的決定要把力氣放在哪裡。

如此一來，你就能設定出**有憑有據的目標**，如：「你負責的區域今後的成長幅度很值得期待，所以目標定為一〇〇。但他負責的區域有很多同業對手加入，因為競爭激烈才定為八〇。」

只要部屬能接受目標，覺得自己有可能做出被期待的結果，便會努力去達成。

只要主管願意揭露目標背後的緣由，就能立即消除部屬的疑慮。

2 描繪對一個月、一年、十年後的想像

領導人不能沒頭沒腦的工作，而是應該主動描繪遠大的夢想藍圖。

要做到這一點，不能只考慮自己幾年後的工作狀態，還要進一步思考整個業界的動向、世界情勢，甚至科學技術的發展等，會為目前的工作帶來多大的變化。

可以根據以下兩點思考：

一、現在有什麼情況正在發生？

二、接下來會如何發展？

例如，今後的科技會如何大幅改變我們的工作？我認為未來人類關心

的焦點，應該會回到人類才辦得到的事情和溝通的重要性上。

你可以先大致想像十年後的發展，並自由思索未來一年的變化，再專注於接下來必須面對的一個月。

我希望領導人能擁有俯瞰世界的眼光，認真思考自己應有的姿態。試著想像自己一個月後的行動、公司一年後的狀況，及整個社會十年後的動向。能這樣在一個月、一年、十年之間轉換自如的領導人，就能繼續活躍的帶領他人。

預測會發生什麼變化

假如你是銷售部門的主管，不妨先想像一個月後的行動。

你也可以更進一步的思考，公司一年後的規模及公司未來的模樣，像是「會繼續維持現狀？還是會稍微擴大規模？」若持續擴大的話，可能就有必要思考新的銷售管道。

再者，十年後，社會上專事銷售的職業可能會發生極大的變化。如果網購成為主流，商品頁面的促銷活動可能就會成為銷售業務之一。因此，最好現在就開始學習促銷技巧。

像這樣提升想像力，你就能找出未來需要的技能或思考方式。

3 新人主管一定要做的事

決策力，是由累積至今的經歷磨練出來的，而公司大多會挑選擁有各種經驗的人來當主管。

與一般職員相比，主管將被要求做出更大的判斷。

「對團隊來說什麼才是必要的？又該如何進行？」平日就得不停做這種困難的判斷，萬一判斷錯誤，搞不好還會讓所有員工頓失生計。聽起來可能有點誇張，但主管就是有這麼大的責任和權限。

我希望剛當上主管的人一定要做一件事：**了解每位部屬的工作方式**。

亦即，正確掌握團隊的現狀。

比方說，你可以先分辨出能理解要求、懂得為工作建立優先順序的資深組；還有與前者相反，搞不清工作方式和重要性，只知道一頭栽進眼前工作的新人組。

主管要確實的觀察團隊成員，清楚分析每個人的工作方式。

當你還是部屬時，只要想自己的事情就好了，但成為主管後，你和團隊成員能合力做出多少成果，就是你要負責的。

你必須評估每位成員的能力，同時還得做出很多決定。如果你做出的判斷有充分考量到部屬，他們肯定很願意追隨你。

思考「要去做什麼」

我至今連續為某個財團上了九年的培訓課程，主要負責指導、培訓總公司員工和各地區的管理人員。

起初我不曉得對方需要什麼樣的培訓課程，和負責人開過多次會議後，才逐漸對內容取得共識。

不過，我培訓員工兩、三年後，才終於明白他們的工作方式和真正的煩惱。現在他們拜託我針對一個新議題來培訓時，我腦中就會自動浮現該做什麼內容，提案也會被迅速採納。

這個財團的問題是，年輕員工和資深員工在想法上有很深的代溝。而且，員工之間很少有機會接觸，所以無法針對問題互相交換意見。每個人都以自己的想法行動，整個團隊各行其是、如同散沙。

因此，我提議舉辦建立橫向關係的培訓課程。當時財團的負責人並不認為員工們的關係有問題，所以對我的提案感到很驚訝。不過，當我提出：「只要建立起橫向關係，便能一口氣減少工作上的摩擦」這個假設後，對方便開始感興趣了。

結果培訓課程大獲成功，不僅加強了團隊合作精神，工作也得以順利推展，很多員工都向我表達感謝之意。

正是因為我有仔細觀察員工，且不忘委託人的方針，才能果斷決定培訓內容。

這點對主管來說也一樣。累積較多身為主管的經驗後，你就能學會如何根據假設做出決定，像是某個問題要如何去修正。然後，你做決定的速度就會越來越快。

隨著經驗累積，你便能做出更有成效的決定。在進行日常事務的同時，請務必謹記自己的願景，才不會讓團隊迷失方向。

4 願景，說久了就會變真的

平時就和別人聊聊想達成的目標，以及想怎麼實現是很有幫助的。

述說自己的願景時，多少會有點難為情，不過越是說出口，就越能留下深刻的印象。

每個主管心中肯定都有想要成就的理想，而這份發自內心的願景，對於開拓未來非常有幫助。

只要說出願景，就能強化決心，並喚醒心中雀躍不已的感受。

不過，為了不讓願景受到動搖，絕對要避開反應消極、會表示：「說這種不切實際的話幹嘛？」的人。

此外，最好也不要跟公司的人說，因為你可能會被扯後腿，對方也不一定願意認真聽你說。

所以我建議和交情深厚的朋友講就好。這種朋友才能真誠的聽你分享，也能從各自的立場給予來自不同觀點的建議。

而且，和別人分享還有另一個好處：幫助自己整理腦中的想法。持續述說相同的願景，反而能幫你描繪出更清晰的未來藍圖。

團隊的願景固然重要，但當一位主管有自己的願景時，便能在工作上不受動搖的向前邁進。

利用這兩種資訊來穩固願景

要擁有願景，就不能缺少作為參考的資訊。具體的資訊蒐集法，已經在第一章介紹過了，以下要介紹該如何利用資訊來描繪願景。

你需要以下兩種資訊：

一、用來找出選項的資訊。

二、用來比較、研究的資訊。

舉例來說，假如你在設想自己十年後的模樣，那麼比你年長十歲的上司，就能當作用來找出選項的資訊。

至於公司業績或業界動向等資料，則能幫你比較並研究出哪個選項較適合列為目標。

簡單來說，**第一種資訊能用來廣泛思考；第二種則能彙整總結**。只要保有這份意識，一得到資訊，你就能立刻明白該如何有效運用。

我希望你能善加利用蒐集到的資訊，描繪出堅定不移的願景。

5 回饋被已讀不回？部屬分五種類型

想實現主管描繪的願景，部屬的成長至關重要，而來自主管的回饋，和部屬的成長幅度有直接的關係。

人們常說有能力的主管都很擅長給回饋，不過實際上該怎麼做才能促使部屬成長呢？

如果團隊氣氛良好、每個人都活力十足就不會有任何問題，但在現實生活中可沒有那麼容易。

團隊成員肯定表現各異，有績效優秀、性格開朗的人，也有容易被牽著鼻子走、因為績效沒達標而意志消沉的部屬。

那麼，身為主管，到底該如何給予回饋呢？

答案是，主管要發揮觀察力，仔細看清每一個人的心理狀態。那些因為沒有達成目標而情緒低落的部屬，往往不敢面對主管，最後導致雙方關係疏遠，目標也越來越難達成。

因此，主管是否有積極給予回饋就顯得非常重要。

如果部屬遇上什麼難題，或想知道某項行動的可行性，主管都必須針對不同情況提供回饋。隨著主管反覆提出回饋，雙方之間的信任度就會跟著加深，部屬的表現也能獲得改善。

用便條來回饋

主管客觀的回饋可以帶給部屬好的影響。針對完成和未完成的事情提出反饋，不僅能消除部屬的困惑，還可以提升其表現。

請主管盡量同理部屬的感受，因為回饋正是讓他們跨出下一步的最佳動力來源。

我很推薦用便條來給予回饋。我在第三章介紹過，部屬可以利用便條進行報聯商，但便條其實也很適合用於主管的回饋上。

所謂回饋，並沒有硬性規定要面對面進行，畢竟雙方時間很容易對不上，部屬工作時也難免會出現差錯。

這時主管只要用一張便條，留下這樣的訊息：「關於〇〇，你做得非常好。至於△△，照你的想法進行就好。」以這種方式來跟部屬溝通，便能使雙方的關係變得更加堅固。

而且，不得不用較嚴厲的言詞表達時，若使用便條，就不用擔心被其他員工聽到了。

使用便條回饋法，既不浪費自己的時間，也不會占用到他人的時間。即便是不擅長溝通的主管，利用這個方法也能順利提供反饋。

面對五種部屬的傳達技巧

進行回饋時，也要注意表達方式。不論主管有多麼為部屬著想，要是無法引起共鳴，那就毫無意義。

我平常都會將部屬分成五大類，並依照不同類型來改變表達方式。因為世上沒有能引起所有部屬共鳴的萬用表達法，所以主管必須辨別出對方屬於哪個類型，再選擇出最適合的表達方式。

● 習慣批評的部屬

有些部屬總會在主管或同事提出點子時，以批評的方式回覆，如：「這太天馬行空了，根本沒辦法實現。」這種部屬通常都比較情緒化，所以主管千萬不要對號入座。

首先，為了營造冷靜談話的氣氛，不妨表示：「可以先聊聊你目前工作上遇到的問題嗎？我們來一個一個想辦法吧。」重點在於先耐心的傾聽部屬、理解他的意思。

部屬說完後，就先以：「今天謝謝你，讓我聽到這麼坦白的意見。」來收尾，並靜待一小段時間，之後再向對方表達你自己的意見。藉由這一小段空檔，主管就能向部屬傳達「我接受了你的發言後，才進行這次談話」這項訊息。

● 配合度高的部屬

我有一位不太堅持己見，一旦事情決定了就默默去執行的部屬。雖然他不是衝勁十足的類型，卻是讓工作能進展得如此順利的幕後功臣。

面對這類部屬，首先要對他們的無私奉獻表達感謝之意，讓他們知道：「或許你做的工作大多不太起眼，但這些表現我都看在眼裡。」

不過，對主管而言，這種配合度高的部屬，或許會有少了點什麼的感覺。若是如此，你不妨告訴對方：「因為你做事非常牢靠，所以我之後想增加一些由你來主導的工作。」

除了感謝部屬的努力和用心，你也要**鼓勵他們慢慢成長**，成為能以自己的意見全心投入工作的人。

● **重視客觀性的部屬**

有些部屬非常重視具客觀性的資訊，他們可能常常說：「有數字能為這個假設背書嗎？」、「應該多蒐集一些數據吧！」

想說服這類型的部屬，最好在討論時出示數值等資料佐證。主管不能只單純表示：「這樣做會比較好喔。」便告知其有待改善之處，你應該**舉出實例來回饋**，例如：「這麼做的人，數字都增加了將近一〇％。你要不要也試試看？」

● **開心果型部屬**

任何團隊都至少會有一名開心果。他們擅長營造明亮又開朗的氣氛，團隊士氣低落時也很值得依靠，是一種令人感激的存在。

這種人很懂得看臉色，也很清楚自己的影響力足以改變團隊氣氛。

因此，當你表示：「為了改變整個團隊，**希望由你先開始改善**。」他們老實聽從的可能性很高。

● 自我主張性強的部屬

身為部屬，有些人仍會用高高在上的態度提出意見。

遇到這種部屬，你可以要求他**從主管的角度思考看看**，並針對他的回應進行回饋。

例如，你可以說：「假如你是主管，會怎麼改變這個團隊的工作？請說出來讓我聽聽看。」像這樣要求對方列舉出團隊待改進之處。

如果他的回應中有一部分很接近你想提出的回饋，就立刻藉機詢問：「你說的這個確實很重要，或許整個團隊都應該改變。要不要先從我們兩人開始執行看看？」

此外，回饋結束前請向對方表示：「你的意見很值得參考。」因為這種自我主張強烈的人，其實都很希望自己的意見能被接納。

以上就是五種部屬類型及有效的回饋法的說明。

當然，你的部屬也可能是五種類型中的複合型，那麼，就以比較突出

圖表5-1 五大類部屬的回饋法

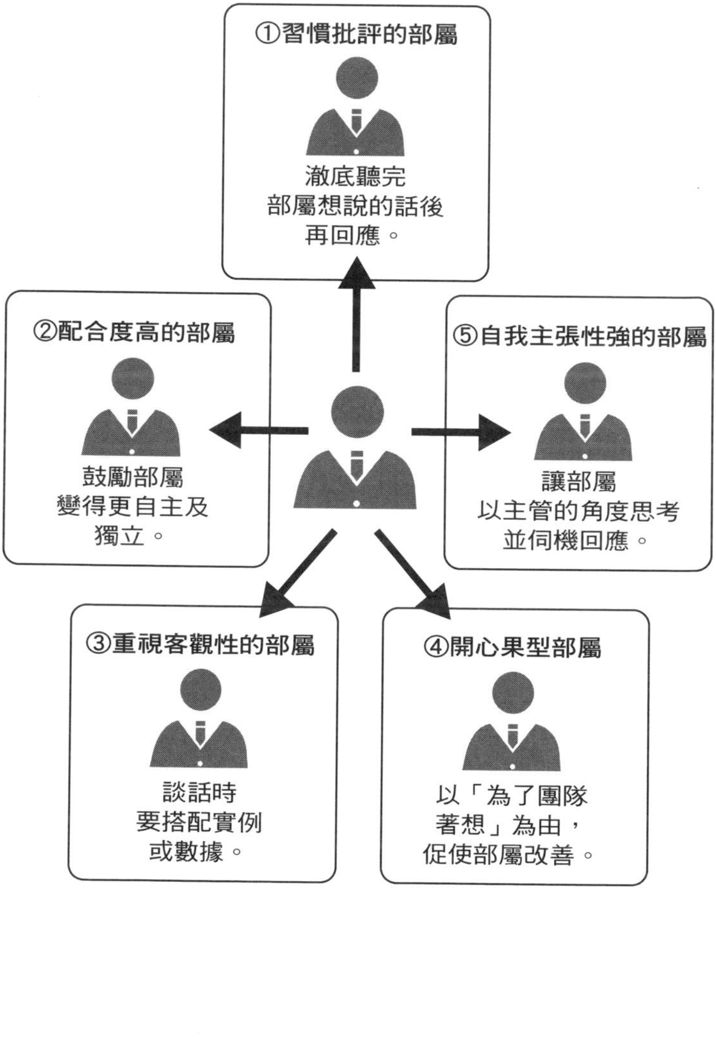

的特質來判斷，再加以應對即可。

如果失敗了，就再嘗試第二順位的回饋法，盡量靈活運用。畢竟，主管與部屬間的關係會為團隊帶來很大的影響。

你不必打造出和樂融融的團隊，只要加深和部屬的交情，並建立團隊間的信任關係就好。

6 主管要有追求假設的勇氣

我相信到此為止，你已經十分清楚假設的重要性了。希望你能為了自己善用假設，讓工作的時間變得更有意義。

然而，有些人好不容易建立了假設，卻因為擔心無法如預期實現，遲遲不願付諸行動。就算我在培訓時鼓勵學員，說：「你的假設很棒呢！明天趕緊應用在工作上吧！」也有很多人會躊躇不決的回覆：「但也不知道實際上有沒有效……。」

所謂假設，只不過是推理罷了，但很多人卻因為害怕出錯，連推理都做不到。但是，若不先嘗試看看，是不會知道結果的。不拿出行動，就得不到任何結論。

就連毫無偏差的飛入宇宙的火箭，也是地球上許多人以數不清的方式去控制才得以達成。所以，千萬不要害怕，去試一次看看吧。

或許你會遭遇失敗。但是，唯有反覆檢討失敗原因、思考修正方案，並實踐新假設，才有可能創造成功。

在這個沒有正確答案的世界上，只能不怕失敗、盡力去做，你知道的那些成功人士，他們都會**充分運用失敗來獲取最大的成果**。

我理解實踐假設時不安的心情，但只要實際跨出一步，你就會發現「原來這樣做就可以了」。更何況，一旦付諸實行，你就會明白，當團隊根據假設來運作時，工作會進行得多麼順利。

除非親身嘗試，否則不可能得知這種好處。我覺得剛開始的時候，以「試水溫」的輕鬆心情去嘗試會比較不抗拒。

從發現正確答案，到創造正確答案

我希望各位在職場上，不是抱著發現正確答案，而是創造正確答案的心態工作。因為**世上沒有絕對的正確答案**，所以你必須自己建立假設，並將其變成你要的正解。只要一步一步的反覆驗證假設，你肯定會獲得渴求的結果。

不論你問誰，都不會得到百分之百正確的答案，你只能靠自己去實踐假設並得出結論。

請鼓起勇氣，根據假設來推展工作，出錯時只要再調整就好。

相信今後時代變化的速度會越來越快，目前仍適用的常識，未來會越來越派不上用場。在這種時局下，為了打造能團結一心奔向目標的團隊，請身為領導人的你運用假設帶動團隊。

國家圖書館出版品預行編目（CIP）資料

高績效主管，都擅長「假設」：管理進度、激發鬥志、設定合理目標、創意發想……主管懂得提出假設，部屬就能接手主動完成。／阿比留眞二著；高佩琳譯. -- 初版. -- 臺北市：大是文化，2021.04
208 面；14.8×21 公分. --（Biz；352）
譯自：最高のリーダーは、この「仮説」でチームを動かす
ISBN 978-986-5548-42-1（平裝）

1. 領導者　2. 組織管理　3. 職場成功法

494.2　109022090

Biz 352

高績效主管，都擅長「假設」

管理進度、激發鬥志、設定合理目標、創意發想……
主管懂得提出假設，部屬就能接手主動完成。

作　　者／阿比留真二
譯　　者／高佩琳
責任編輯／李芊芊
校對編輯／陳竑悳
副總編輯／顏惠君
總 編 輯／吳依瑋
發 行 人／徐仲秋
會　　計／許鳳雪、陳嬅娟
版權專員／劉宗德
版權經理／郝麗珍
行銷企劃／徐千晴、周以婷
業務助理／王德渝
業務專員／馬絮盈、留婉茹
業務經理／林裕安
總 經 理／陳絜吾

出 版 者／大是文化有限公司
臺北市 100 衡陽路 7 號 8 樓
編輯部電話：（02）23757911
購書相關資訊請洽：（02）23757911 分機 122
24 小時讀者服務傳真：（02）23756999
讀者服務E-mail：haom@ms28.hinet.net
郵政劃撥帳號 19983366　戶名／大是文化有限公司

法律顧問／永然聯合法律事務所
香港發行／豐達出版發行有限公司 Rich Publishing & Distribution Ltd
香港柴灣永泰道 70 號柴灣工業城第 2 期 1805 室
Unit 1805, Ph. 2, Chai Wan Ind City, 70 Wing Tai Rd, Chai Wan, Hong Kong
電話：21726513　傳真：21724355
E-mail：cary@subseasy.com.hk

封面設計／林雯瑛
內頁排版／顏麟驊
印　　刷／鴻霖印刷傳媒股份有限公司

出版日期／2021 年 4 月初版
定　　價／新臺幣 340 元（缺頁或裝訂錯誤的書，請寄回更換）
ISBN　978-986-5548-42-1
電子書ISBN／9789865548711（PDF）
9789865548704（EPUB）